老去的勇气

【日】岸见一郎 著 邓超 译

老いる勇気

中国出版集团　现代出版社

死亡一直被公认为是诸般坏事中最
令人生畏的
然而
对我们来说
死亡没有什么大不了

为何这样说呢
因为当我们存活于世时
死亡尚未到来
而当死亡降临时
我们也早已不复存在

目 录

Chapter 1 **人生，下坡路最精彩**

活着，即老去 / 003

你是否想回到自己的十八岁 / 005

尚未开始就断言做不到，这是谎言 / 008

年岁越长，对事物的理解越深 / 011

Chapter 2 **跨越"但是"的壁垒**

不往上看，以前方为目标 / 017

不靠减法，靠加法去生活 / 020

你的口头禅有"但是"吗 / 023

生产率无法决定人的价值 / 025

Chapter 3　只要活着，就对他人有益

　　因为"早晨，睁眼醒来"而感到幸福 / 031
　　在当下所在之处，有什么可做之事 / 035
　　疾病是我们重生的机会 / 038
　　思考如何利用生命 / 040

Chapter 4　珍惜"现在，此处"，好好活着

　　当母亲躺在病床上时，她说："我想学德语。"/ 047
　　人生不是马拉松，而是舞蹈 / 051
　　不把人生往后拖延 / 054
　　相信"拥有无限的时间"/ 056

Chapter 5　有所执着，未尝不可

　　人为何畏惧死亡 / 063
　　继续活在重要的人的心中 / 066
　　死后魂归之处 / 069
　　苏格拉底逝世前夕 / 072
　　如何活好当下 / 074

Chapter 6　不够"成熟",则无法照顾他人

最难的,莫过于如何与年迈的父母相处 / 081

"成熟"的三个条件 / 083

接受真实的父母 / 087

能和父母在一起,就值得感恩 / 089

"这话,我以前说过吗?" / 091

否定父母的胡思乱想,会导致父母病情的恶化 / 094

不要提及父母遗忘的事 / 096

年老昏聩其实是一种过滤器 / 099

阿尔茨海默病患者的理想生活方式 / 102

聚焦在"能做到"的事情上 / 105

Chapter 7　勇于承认"做不到"

首先,要让自己幸福 / 111

喜悦只会来自人际关系 / 115

做不到的时候,大方承认"无能为力" / 118

叔叔婶婶心理学 / 121

Chapter 8　以"我们"为主语来思考

退休后的烦恼,其实是人际关系方面的烦恼 / 127

首先摆脱"生产率"的价值观 / 130

切莫畏惧与他人的摩擦 / 133

喜欢上真实的自我 / 136

不管年龄几何,都可以改变自我 / 138

成功与幸福的区别 / 140

活着本身就是对他人的贡献 / 142

不要认为现在是过去的延续 / 144

阿德勒教给我们"人生意义" / 147

Chapter 9　将"年老的幸福"传递给下一代

开心度过每一天 / 153

不要插手他人的人生 / 156

即使有异议,也可继续思考 / 160

不要害怕被讨厌 / 164

像松鼠一样培育"森林" / 167

拥有勇气,坦率承认无知 / 169

要为被年轻人超越而感到喜悦 / 171

从五十岁开始学哲学 / 173

将"此时、此地"的幸福亲手传递给年轻人 / 176

后　记 / 179

人生，下坡路最精彩

Chapter 1

活着，即老去

无论是谁，年龄都会增长。每一年，都会实实在在地增长一岁。有的人一边叹息着不想变老，一边又渴望长寿，但这两者无法兼得。

活着，即老去，也就意味着，我们的身体在日渐衰老。对于很多人来说，变老的感觉就是——**年轻时，某些变化让我们感觉到成长，但随着年龄渐长，不知何时起，这些变化让我们感觉到衰老。**

我最初意识到衰老，是从牙齿老化开始的。听说，女人生一个孩子，就会掉一颗牙，而我是每写完一本书，就会掉一颗牙。

当然，年轻时从未有过这样的事。当我体验过巨大的精力消耗导致牙齿脱落这件事，也就深切地体会到了老之将至。

牙齿的老化对日常生活影响甚大。因为无法顺利咀嚼，所以最受影响的就是饮食，而且治疗的过程十分痛苦。牙齿的老化还会影响我们的容貌。一旦掉一颗牙，一张嘴别人就能看见，他们也会感觉到这份衰老。

因为此前基本没有关于牙齿的苦恼，所以当我发现牙齿变得必不可少的时候非常沮丧——难道这就是衰老的开始吗？

紧随着牙齿老化的便是眼睛。眼睛衰老既不会疼痛，也不会对相貌有什么影响，所以不如牙齿老化的破坏力那么大。但我的工作需要从早到晚看书，需要一边看电脑屏幕一边写稿子，所以对我来说是紧要问题。作为文字工作者，却因为老眼昏花而看不清，这让我备受打击。

诸如此类，各种身体机能的老化，皆是不可逆的。当然，如今的医疗技术可以在一定程度上延缓衰老，但绝无可能重回年轻。

既然没办法回到年轻，那我们应该如何接受现实呢？这就是我们思考衰老、与病痛作战最关键的课题。不能唉声叹气，不能逃避现实，我们唯一能做的，就是思考如何与"此时、此地"的自己和解。

你是否想回到自己的十八岁

归根结底，人为什么会因为衰老而频频叹息呢？

一般来说，"逐渐衰退"就是变老，当我们看到衰退的迹象时会感觉深受打击。假如年轻时是我们人生中的高点，那么之后，我们就像从坡上滚落一样急速衰老。在这一过程中，我们会失去各种东西——这就是衰老带给我们的感觉。

虽然这种感觉很不好，但一定不全是负面的东西。

有一个电视节目叫作《纵横日本之旅》，在节目中，演员火野正平骑着自行车环游日本。该节目的关键句就是"**人生，下坡路最精彩**"。

骑自行车爬坡是非常吃力的。但登上顶峰，我们就会看到美妙的风景，而借助风力和惯性下坡则令人神清气爽。人生也是如此，年轻时，我们拼命蹬着脚踏板，同时背负了太多的东西——梦想、目标、野心、焦虑……如今，如果能卸下肩上的重担，开始享受人生，后半生将会变得完全不同。

"老"这个字,据说是一个象形文字,是模仿一个弯着腰、披着长发、挂着拐杖的老人形象创造出来的。但是,江户时代"老中"①一职,或汉语当中"老师"一词,则完全没有消极意味。在这两处,人们关注的不再是肉眼可见的状态,而是一个人积累下来的知识和经验。

我经常会问来咨询的人:"如果能回到自己的十八岁,你想回去吗?"

十八岁时的你:年纪轻轻、精力充沛、不知疲倦……然而,五六十岁的人几乎都不想回到自己的十八岁。如果带着现在的知识、经验,回到自己的十八岁也是很好的。但若要清空现有的一切,全部重新开始,他们是不愿意的。

在我看来,人的一生不可能事事如意。每个人都会有痛苦的经验和不好的回忆。但迄今为止自己留下的足迹、积累下来的阅历,包括那些痛苦,他们都不想放弃。也有人觉得,年轻时的状态并不一定是最好的。

在这一点上,我深有同感。如果要将一切清零,变回年轻的自己,那我煞费苦心学会的希腊语,也不得不从零开始再学一遍了。

---

① 老中,江户时代的官职。

就像"韦编三绝"这个典故一样,为了读懂古希腊哲学中的古典原文,我翻破了三本字典。正是因为如此拼命地学习,到了现在这把年纪,我才能翻译古希腊哲学巨著。**正是因为不断的努力和岁月的累积,我才有能力完成很多工作。**

尚未开始就断言做不到，这是谎言

因为在韩国的讲座增多了，我六十岁时，便从零开始学习朝鲜语。

希腊语、英语、德语、法语这几门语言，我都经历过长年累月的学习。现在，我学朝鲜语，经常会出现初学者会犯的错误。年轻时，我会在很多事情上遭遇失败，然后深感自己的无知和经验的缺乏——就像学习一门语言时犯的低级错误。

不过，学习新事物，本身就是一件令人开心的事。虽然学习过程中也会很辛苦，但无须将积累的一切清零，也能回到年轻的状态。

它不需要特别的才能和适应性，只需要稍具挑战精神，所以人人皆可做到。用奥地利精神病学家、心理学家阿尔弗雷德·阿德勒的话来说，就是"不完整的勇气"。

面对一件需要从零开始的事，一些人会想出各种各样的理由,说"不行""我做不到""记忆力不像年轻时那么好""太难的我看不懂""而且体力也大不如前""不过时间嘛,倒是要多少有多少"……

事实上,他们并不是真的做不到。如果像高中时一样努力,即使是一门全新的语言,也是有可能掌握的。如果**还没开始就认定自己做不到,要么是因为无法接纳不完美的自己,要么就是压根儿不想接纳。**

阿德勒所说的"不完整",不是人格,而是在面对新事物时我们在知识、技术等方面的不完备。一旦开始做一件事情,就必须马上直面"做不到"的自己。第一次做一件以前没做过的事,自然没那么容易。但是**接纳这个"做不到"的自己,是"能做到"的第一步。**

在一次演讲中,我讲到自己学习朝鲜语的事情时,一位七十五岁的先生起身分享自己的经历。这位先生从六十四岁开始学习中文,现在从事与口译相关的工作。他鼓励我:"学习,什么时候开始都不晚。"

我学习朝鲜语刚刚两年,还远远不及他。即便如此,我也已经能阅读朝鲜文的书了。

我曾接到韩国全国性报刊《朝鲜日报》的约稿,用朝鲜文写了一则简短的书评。当然，在发表之前我让老师帮我校对了，虽然想要表达的东西力有不及，但依然成就感十足。

学完朝鲜语，接下来我想学习汉语。有一次有幸在中国台湾演讲，当时说了一点点汉语，感觉颇有趣味。

年轻时我们喜欢与人竞争，凡事务求结果。但随着年岁增长，他人的评价和目光变得不再重要，于是可以纯粹地体会学习带来的喜悦。这可以算是变老以后的特权吧。

年岁越长，对事物的理解越深

从 2011 年开始，我花了四年时间翻译柏拉图的《蒂迈欧篇》；2015 年，在我五十九岁时付梓出版。如果换作年轻时的自己，也许会希望得到更多人关注，并期待能因此进入大学就职。那时，我都没想过这些事，这份艰难的工作耗时数年，但对我来说却是巨大的幸福。

在西欧，《蒂迈欧篇》是柏拉图著作中最广为人知的一部。但在日本已经四十多年没有新版译作面世，我想买一本都难。

这么重要的著作，我希望翻译出来后不仅能让专家读懂，还能让更多的普通读者读懂，基于这个初衷，我开始着手翻译。其实，我放下希腊语已有十余年了，但我发现自己竟然一点儿都没有忘记，反而比年轻时读懂得更多了。

希腊语很难，**但书中的内容，我却理解得远比年轻时深刻**。这或许要归功于人生阅历。

放下希腊语的这段时间，我一直学习阿德勒心理学，这有助于加深对柏拉图的理解。虽不是直接的益处，但我感觉像是有了一条"辅助线"。在解答几何问题时，如果有了辅助线，之前看不到的形状就会变得清晰可见。学习阿德勒心理学，积累丰富的人生阅历，这些都加深了我对哲学的理解。

精神科医生神谷美惠子在日记中写道："无论是过去的经验，还是学到的知识，如果将它们集合到一起，将多么令人感动。每天带着这些思考生活着，每思考一次，喜悦就更加深一点。"（《神谷美惠子日记》）

迄今为止，自己学过的、体验过的、积累下来的东西汇聚在一起，形成了自己的世界观。我们成长后不再关心他人的评价，能做到纯粹地体会学习带来的喜悦，并且，比起年轻时，对事物的理解也愈加深刻。可以说，这就是衰老带给我们积极的一面。

年轻时，我曾是学生管弦乐队中的一员，负责演奏圆号。现在，若有演出机会，我认为只要多练习几次，就能演奏出更高质量的作品。即使我后来再也没有接触过乐器，但音乐还是一直听的，而且对音乐的理解也比那时更为深刻。

像这样，如果能够认识到衰老的价值，后半生就能活得更快乐。如果为了感受到衰老的积极一面，将年轻时做过的事情，试着再做一遍，会怎么样呢？建议你挑战一下想做却没有做到的事情，或者尝试进入一个完全崭新的领域。

年轻时读起来很难的书，你想着总有一日会读懂，于是将它束之高阁。现在打开来读读也好，我相信，你一定会发现别有洞天。

跨越『但是』的壁垒

Chapter 2

不往上看，以前方为目标

在这世间，有些东西既可以为毒，也可以为药。其中之一，就是欲望。金钱、朋友、地位、头衔……太多欲望，都伴随一种名为"不安"的副作用。当一个人拥有某样东西时，不仅会想要得到更多，还要面对可能失去已有之物的恐惧。"拥有"虽然可以让我们获得幸福感，却难以持久。

相对地，也有些人随着年龄增加，变得清心寡欲。这种寡欲，偶尔会引起一种叫作无力感的并发症，这可能会加速身体的衰退。一个人活着，最重要的一件事就是持续拥有热情和欲望，也可以说是目标、梦想或人生的意义。

日本虽有以心境淡泊为美德的文化，但我认为热情不可枯竭。阿德勒说，人生就是朝着一个个目标努力，活着即"进步"。

人类不管年龄几何，都有进步的空间。但有一件事情务必注意：究竟该朝着哪个方向进步呢？

阿德勒所说的进步，指的不是向上，而是以前方为目标。也就是说，**判断标准并非和他人比较，而是为了改变现状，自己一步一步踏实向前。**

这里所说的"一步"，不仅仅指挑战新事物，对一直坚持的事孜孜不倦地付出；还指为了让每一天过得更快活而做的微小努力，这也是非常重要的。

不向上看，而是朝前看。也许，这很难做到。尤其是年轻时，我们凡事都好与人竞争，容易较劲，心心念念"一定要变成更优秀的自己"。

如果一个人渴望比现在的自己更优秀，并为之不断努力，这就足够了，不需要过多的竞争欲和胜负欲。不汲汲营营于他人对自己的评价，重要的是，要实实在在感受到昨天做不到但今天做到了的事。

如果昨天和今天相距太近感觉不明显，就试着回想一下半年前或一年前的自己。无论什么事，无论从几岁开始，只要踏踏实实地努力过，就一定能感受到明显的变化。

借用阿德勒的话，就是**"完美的优越性的追求"**。这种喜悦感会给人生带来朝气蓬勃的活力。

不幸的是，在我的身边，充斥着与他人攀比较量的现象。如果无法意识到这一点并将它放下，就会为"胜了""败了"

的自我判断而忙得晕头转向。

　　首先,意识到我们在将自己与他人进行比较;其次,放下攀比之心。只要做到这两点,我们就一定能感觉到如释重负。

不靠减法，靠加法去生活

有些时候，明明能感受到明显的变化和进步，却无法因此而喜悦，从而导致放弃梦想和目标。

原因之一就是"减法式"思考。他们眼中所见的，是与理想的自己相减之后的自己。

这种"减法式"思考，会对我们的积极性产生巨大影响。我已经学习朝鲜语两年了，假如我的理想是"无须借助口译，能用朝鲜语进行演讲"，然后以此为标准判断自己现在的水平，那么每一天愉快的学习就会立马变成一种苦差吧。**不仅不能和他人比较，不和理想中的自己比较也很重要。**

以前，光是在演讲开始前和观众打打招呼、做做自我介绍都很吃力，但现在我已经能多讲那么一点点。虽然还远远没到不用口译就能完成演讲的程度，但哪怕只有一点点进步，也要将关注点放在积极的地方——**不从理想目标开始减**

分，而是用自己积累起来的成绩给自己加分，这对阿德勒所说的"完美优越性的追求"来说至关重要。

有意识地寻找这些，加分项就会出乎意料地多起来。当然，有些事情是无能为力的。尤其是年龄的增长和身体的衰老越来越明显，注意力就会不由自主转移到这上面，很容易给自己减分。

以前能行走如风，最近急转直下，变得容易疲倦；膝盖很痛，不能走路了；周身都痛得厉害——这也是减法思维在起作用。

这就是将年轻、朝气蓬勃、体力满满的曾经的自己作为理想目标，在此基础上做减法审视现在的自己。然而，即使不能像以前一样长时间英姿飒爽地行走，但由于保持了良好的散步习惯，也有了自己的同行伙伴；虽然走得比以前慢了些，但因此看到了路边从未留意过的花花草草，对四季轮转变得敏感——就像这样，只要稍微转变视角，就能发现我们能做到的事还有许多。

在我五十岁时，曾因为心肌梗死病倒，当时不得不在医院里住了一个月。一年后，我做了冠状动脉分流手术，冠状动脉分流手术要实施全身麻醉，让心脏停止跳动，然后再把人造心肺装置放到我的身体里。虽然做了这么大的手术，但我回到病房就会做复健训练。

首先，我要从床上站起来，移到旁边的椅子上，接受各项生命体征的检查，包括脉搏、血压等。刚做完手术的我，光做这些就已经很吃力了。

在手术后第三天，我尝试从病房走到护士办公室，没想到竟然做到了。从那天开始，我就开始逐渐增加行走的距离，当我能走更长距离之后，我就开始在台阶上爬上爬下，日复一日地进行复健训练——每一天都在完成前一天做不到的事。

康复训练，不是和别人比较，而是用加法思维，追求"完整的优越性"。通过这段时间的训练，**我懂得了：不和别人比较，每进步一点儿就是巨大的喜悦，这些进步会转化为勇气，让自己对生命充满希望。**

你的口头禅有"但是"吗

"我可以跑马拉松吗?"

临近出院的一天,我向主治医生提出了这个问题。

没想到,医生的回答让我很意外:"要不试试看,如何?"

为什么这个答复对我来说出乎意料呢?因为我想过:以我刚做完冠状动脉分流手术的身体,想参加马拉松肯定是不可能的。而我的主治医生教会了我,切莫把自己的可能性局限在"一定不行""应该做不到"这些框架中,重要的是要想——"也许可能呢"。

这不仅仅是说生病。很多事情,我们都打着变老的幌子而放弃了。

阿德勒说:**"无论是谁,都能完成任何事情。"** 当然,有些事情的确无法做成,但如果从最初就不放弃,坚持尝试去做,就一定有其价值所在。相信自己的可能性,相信自己"也许能做成",总之先向前迈出一步试试看。当你走出了这一步，也许真的就能做到了。

那些嘴里说着"总有一天""终有一日"的人，实际上就和说"不行不行，我肯定完不成"的人是一样的。即使有人跟他们提出"先试试看吧，看怎么样"，他也会答复："可以，但是……"他们并非在因为做或不做而犹豫，其实就是在说"我不会做"。

如果不能跨越"但是"这个障碍，就无法勇敢向前。

作为咨询者，我有时候会数在对话过程中对方说了多少个"但是"。"但是"后面跟着的八成都是借口，我不会直接加以否定，而是告诉对方"今天，这是第三次听你说'但是'了呢"。重要的是，要让他本人意识到自己随时把"但是"这个词挂在嘴边。

让我们做个简单的测试，今天你也来数数"但是"吧。然后再观察一下，自己会在什么时候说"但是"。如果能意识到说的"但是"太多，那么当你想要开口的时候，就试着把这两个字咽回去。总之先试试看，一定会有意外的收获。

生产率无法决定人的价值

现在，让我们回到康复训练的话题。

无论我认为自己走得有多么好，出院后都不得不面对与现实之间的差距。我们每天行走在城市，到处都可能会有坡度，人行道也会有些许倾斜。而且，也不像医院那样随时开着空调，保持着恒温恒湿，所以有时明明没走多远却搞得自己筋疲力尽。

有的人，因为无法做到入院前或生病前做到的那些事而深受打击，于是进行大量的康复训练，可出院后却依然遭遇挫折，沮丧懊恼，导致最终放弃了康复训练。

医院之所以让人感觉舒适，不仅是因为安全无障碍，而且在院期间，还可以从竞争中逃离出来。由于可以专注于自己的课题，专注于"优越性的追求"，所以我不用考虑得失成败。这就是在住院期间体会到的幸福之处。

对此，解决方案唯有一条——那就是在出院之后，**依旧**

像住院期间那样，坚定地不和他人比。如果用"加法式"思维方式，多关注自己能做到的事情，那么在出院之后也可以继续感受到这种喜悦和积极。

在当今这个时代，很多时候人们关注的都是结果如何。有言论表示，要用"生产率"来判断一个人的价值。的确，在工作场合，人的生产率很重要，但我认为万万不可将人的价值完全机械地等同于生产率。

总会有人身患疾病，抑或年岁渐长，无法再像从前一样工作。有人很沮丧——明明以前手脚很麻利，可以把家务活做得很漂亮。但如果他们能够明白，不用生产率来判断自己的价值也是可以的，那么无论到什么年纪，处于何种境地，都可以在自己身上找到价值。

我曾在精神科诊所做过一周一次的日托兼职。那些日子里，有一项工作就是和患者们一起做饭。

首先，工作人员定好菜单，然后对所有人说"现在去买食材吧"，但是在六十人中，行动起来的往往只有五个人左右。买好食材后，"好了，开始做饭吧"，但这回参与进来的也只有十五人左右。然而，当饭做好了，只需说一句"开饭"，所有人就都聚到了一起。

但在这个诊所，人们绝不会责备那些不帮忙的人。这个人今天状态不错所以帮了忙,也许下周就帮不上了,那个人也许这周和下周都无法帮忙,但都没关系。

因为,不仅仅是去买食材,那些什么都没做的人吃得津津有味,这对做饭的人也是一种贡献。无论是工作的人,还是没有工作的人,都对享受食物这件事做出了一份贡献。

不要说什么"不劳动者没饭吃",能工作的人,在能工作的时候工作。哪怕什么都不做,也没必要因此而感到抱歉。这是健全社会的标志,不责备不工作的人,在这间诊所,能工作的人就工作。

尽力去做当下自己能做到的事,无论自己状态如何,只要是存在着、活着,都能对他人有所贡献。如果明白这一点,那么无论是衰老还是疾病,都不再可怕。

能够感受到自己对他人有所贡献,这与人生的幸福感深切相关。这是生存的食粮,是幸福的基石。在下一章,我将更深入地剖析这种"贡献感"。

只要活着，就对他人有益

Chapter 3

因为"早晨,睁眼醒来"而感到幸福

一旦年龄不断增长,就需要直面各种身体衰老。无论我们花费多少心力去保养,都无法阻止人体的各个"零件"在经年累月中老化。有时那些变化我们感觉不到,直到它发展成某种疾病才被知晓。这出其不意的造访,让我们的生活发生天翻地覆的变化,这无疑是人生的一桩大事。

我也曾得过大病,真的十分痛苦。疾病带来的疼痛、辛苦、不自由等诸多不便自不必说,更为折磨人的是永远不知道自己还有没有明天。

我们活着,自然而然地相信今天之后就是明天。这些像珠子一样穿起来的"明天",加起来就是"未来"。

虽然现在没来,但终究会来——正因为这么坚信着,才会憧憬遥远的明天,"今年去泡温泉吧""等孩子长大了""等我退休了"等等,这么想着,总能够让我们的心情变得明朗。

当然,平常我们不会无端想什么"也许不会有明天了"。

但身患重病时，我们曾经坚信的"今天之后就是明天"这一信念，就将烟消云散。

虽然现在真真切切地活着，但前方是否有明天却尚未可知。这个世界的明天也许会来，但在那里，也许就再也没有自己了。

荷兰精神病理学者杰拉德·克登·阿德韦格（Gerard J. M. van den Aardweg）曾写过："患者被拍打在无时间的岸边。"（《病床心理学》）他们不再有到"昨天"为止那样平稳的时间，也没有与未来相连的"明天"，这个没有时间的岸边，分外孤独。

十二年前的一个凌晨四点，我被救护车拉到了医院。

"是心肌梗死，十人中有两人会死亡。"

也许是我过于惊慌失措听错了，但如果是确定有生还的希望，恐怕医生也不会这么直接地告知病人。即使如此，当我得知可能会失去生命的时候，还是受到了巨大的打击。

当时，我五十岁，女儿还在上高中，儿子也刚考入大学。孩子们的未来会如何，自己也许再也看不到了。我至今依然记得那种感觉——死亡，是多么孤寂的事。

幸运的是，我保住了生命。当自己不再确认明天是否会来的时候,夜里我会害怕入眠。因为一旦闭上眼睛睡着,也许就没有机会再次睁开眼了。在熄了灯的病房,我独自凝望着死亡的深渊。

无法入眠的夜晚,我选择了服用安眠药。虽然人们对服用安眠药一事褒贬不一,但因为对死亡的恐惧和失眠让我身心俱疲,本来就一无所有了,所以我很感激医生愿意并迅速地帮我开处方。

服下安眠药,我就像关上了某个开关,转瞬就进入了深度睡眠。早上,睁开眼,能感觉到些许幸福。

"今天也睁开眼了。至少今天我还能活着!"

这种喜悦,是在患病之前从未体会过的。

虽说如此,但白天我既不读书,也不听音乐。最初那些天,连自己翻身都是不被允许的。

这种状态,到底要持续到什么时候?自己什么都干不了,总给家人和其他人添麻烦。我问自己,这样活着到底有何意义呢?

我想,那些因为遭遇事故而被剥夺活动自由的年轻人,那些不得不被人看护的人,应该也能体会到跟我一样的感受吧。

我们容易把自己的价值和活着的意义当作生产率。当我们接受了死亡的恐惧感，接下来等待着我们的，就是自己什么都干不了，既没有意义，也没有价值的绝望感。

但是，突然有一天我想到了。如果现在住院的不是自己，而是我的家人或朋友呢？

我一定会急急忙忙地赶到医院吧？而且，无论对方多么严重，即使连意识都没有，只要能看到他活着，我一定也会非常感恩吧。

由此看来，自己这样活着，也一定能给他人带来相应的喜悦——这样想着，我渐渐地恢复了些许平静。

在当下所在之处，有什么可做之事

即使什么都没办法做，作为一个人的价值也不会降低。这一点要铭记于心。我想，如果可以做到这一点，那么即使直面衰老和疾病，即使年纪轻轻就遭遇重大挫折，同样可以拥有积极向前地"迈出下一步的勇气"。

在我住院期间，医生会每天来查一次病房。因为住院的患者很多，需要一个个诊断，所以查看每个人的时间很短，主要是看一下患者当天的身体状况和病情的变化。但我的主治医师每次检查完了之后，都会在床边的椅子上坐上许久，跟我深入地交流哲学、音乐、书籍等。

不仅仅是医生，护士中的一些人，他们知道我在做咨询之后，一定会在工作时间结束后，或者特意在不当值的日子来到我的病房，专门跟我探讨。

这样的时光，给我的"心灵恢复"带来了积极的影响。听医生和护士的故事，回应他们的需要，用自己的知识、思想和他们交流。这让我发现，即使是在这样的状态中，"也有自己可以做的事""也可以做些事情去帮助他人"。

过了不久，我不用吃安眠药也能踏踏实实地睡个安稳觉了。明天，当我睁开眼，还会有人来找我，我也许还能为这个人做些什么。也许不会再有明天了，但那又如何，也要为了称为"今天"的这一天而好好活着。

当我在死亡的深渊徘徊过，忘记早晚会死去这件事，"今天还好好活着"本身就变得无比美好。

每个人都无法独自活在这世上。**做出有助于他人的事，这种"贡献感"是幸福的根基，会变成活着的力量。那么，在当下这一刻"还活着"，就意味着这个世界上还有自己能做的事。**在自己所处的状况之中，想想看也许还有什么力所能及的事，这能让我们切切实实地感觉到幸福。

不做什么特别的事，没办法做什么特别的事，这都不要紧。只要活着就对他人有所贡献，即使得到对方的帮助，也会让对方有"贡献感"。

我生病的时候，妻子每天都来医院看我，上高中的女儿每天晚上为了等妈妈回家，都会自己做好饭。而且我那位一把年纪经常郁郁寡欢的父亲，也来了精神，还说我出院那天要开车去接我。

虽然我让家人担心了,但没想到还因此而唤起了他们的贡献感和热情。

后来,当我照顾父亲的时候,父亲对我说了这样一句话:"因为有你在,所以我可以安然入眠。"

父亲那个时候每天都要睡上大半天,所以我几乎没什么可以为他做的事情。即使如此,他还是教会了我,只要能陪伴在侧,对他就是一种贡献。

在一次演讲中,曾有人这样对我说:"如果我能在三年前就听过这些话……"这位听众的父亲因为脑梗死而病倒,后来又因为后遗症失去了活动自由,由于麻痹症状不消失而陷入绝望,时常苦闷地想:"还不如死了的好。"

但其实只要他活着,对家人来说就是很大的幸福,即使身体完全无法动弹,也不用觉得自己的生命没有意义和价值。

"那个时候,如果我能告诉父亲这些话,那么父亲的晚年一定能过得很不一样吧。"

疾病是我们重生的机会

当一个人身患疾病，刚开始时都会把注意力放在自己身上。他们感到痛苦、苦闷、不安、对死亡充满恐惧——完全没时间和精力去考虑他人的事。

当他能感受到自己对他人有所贡献，也就意味着意识开始向他人转移，这才是恢复的第一步。

拥有了贡献感，就能重新发现自己生活在与他人的连接之中，同时也会发现，在这些连接之中处处有幸福。

健康和幸福，就如同空气。直到失去了，才会意识到自己曾经好好活过。在那之前没有发现自己生活在幸福中的人，曾经以为自己很不幸的人，一旦身患疾病，才能真正地体会到昨天为止有多幸福。

重要的是，如果把这些发现和体验，运用于自己之后的人生中。**疾病，会成为我们重生的机会。**

我住院时，有一位护士曾经对我说：

"有的人就算经历过病痛，康复之后也只会庆幸自己得救了，但还是让我们带着重生的信念继续努力吧！"

"重生"这个词，在正在恢复中的我的心中清晰回响。所谓重生，就是过着新的生活，以疾病为契机更好地活下去。

"得救了"——若单纯以这种心态结束，出院后就会过着跟以前一样的生活。明明就是因为太过勉强而让身体崩溃，却不愿改变以前的工作方式，或硬要保持和以前一样的有害健康的生活习惯……

可这样一来，之前受过的苦就变得毫无意义。生病之后，就必须得改变以前的生活方式。我也一样，如果那时没有生病，也许我会过着和现在不一样的生活。

什么时候能庆幸自己生病呢？就是发现"要好好活着"，然后能真正感觉到自己的生活方式在变得更好的时候。

思考如何利用生命

如果能无病无痛地安然过好一生，当然最好不过。但有些东西，是一定要经历之后才能收获的。那就是审视人生的角度和发现日常生活中琐碎美好的感恩之心。生病虽然是痛苦的，但我希望大家可以发现"生病了真好"，能够充分利用这次生病带来的好处。

但一定不要对一个躺在病床上的人说"生病了真好"。这对于那些身处布满荆棘、看不见出口的困境中的人来说，犹如一把尖刀。

"你不需要这么担心。"

"一定会很快好起来的！"

这种张口就来、毫无根据的话，还有不谨慎的鼓励也坚决不能说。

"写书吧！书是会留存下来的。"在我躺在病床上刚刚恢复到可以改稿子的状态的时候，主治医生对我说了这样一句话。

也许，正常情况下，这句话不应该对正在与疾病做斗争的患者说。因为听完之后，患者一定会觉得，那就是医生在向自己宣告"你没剩多少时间了"。

但医生的这句话清晰地向我传达了两件事：一是我的病很严重；二是"书是会留存下来的"这句话，让我明白了我已经恢复到能够写书的状态了。医生深深地明白，写书这件事对我来说有多么重要的意义。

有一天，我在电视上看宫泽和史的演唱会，他面对观众席这样问道："我有音乐，你们呢，有什么？"

"我有文字！"我不假思索地回答。

即使身体抱恙，心有不安，活动也不自由，但写书可以让我表达自己的思想。无论自己处于怎样的境地，都能对他人有所贡献。我想，现在这一刻能够真真切切活着的我，要充分用自己所拥有的东西，用自己能够做到的方式为他人做贡献。医生的那一句"写书吧！书是会留存下来的"，重新给予我生的勇气和目标。

那之后十年有余。我的身体康复了很多，好到超出了医生当时的预期。虽然经历了病痛，有过辛苦，但我还是觉得活着真好。虽然是因为继续活了下来才有了那些不愉快，但是这些经历也能让我有新的发现。

大病一场之后，我每一年都会写很多书。这是我继续活下去的使命。接下来的人生也一样，只要活着一天，我就会一直写下去。

当然，我并不知道自己究竟能写到什么时候。也希望自己能时刻记住，即使终有一日无法再写书，也不意味着自己不再有价值。

珍惜『现在，此处』，
好好活着

Chapter 4

当母亲躺在病床上时,她说:"我想学德语。"

无论活到多少岁,人们都希望自己健健康康的——这应该是所有人的愿望吧。如若可以,没有人愿意身患疾病,危及性命的重大疾病就更不用说了。

然而,如果人上了年纪,即使原本没什么病症,余下的生命也不多了。我突然想起身患阿尔茨海默病的父亲曾说:"无论怎么想,我们剩下的人生都比你的更短。"再一次听到父亲这样说,我感受到了寂寞,我明白我们无法长久相伴了。

如前所述,我在五十一岁那年做过冠状动脉分流手术。医生告诉我:"有可能十年后还需要做第二次手术。"但是,事实证明没有这个必要,我好好地迎来了术后第十二年。

虽然现在暂时平安无事地生活,但如果有人问起我,能否想到未来五年或二十年的事情,我依然很难回答。随着年龄递增,我们的血管会越来越细、越来越脆。**就算忧心余下的生命不多,或因太快变老而不安,自己也无能为力,所以**

再怎么想都是无济于事的。

人们习惯于无论什么事情都从"生产率"和"剩余时间的长短"来考虑。总是烦恼着怎么在有限的时间内完成工作和家务，让自己的内心忙碌个不停。速读术、快手菜流行、出行前查阅到目的地的最短线路等，也是出于同样的原因吧。

习惯成自然，当这些人上了年纪之后，就会不断地想"有多少事变得无能为力了"和"余下的生命还有多少年"。

但是，总想这些事无济于事。虽然思考人生很重要，但如果整天只是掰着手指头数剩下的时间，盘算着如何结束我们的生命，这样的生活也不会快乐吧。

我的母亲因为脑梗死而病倒，那时她躺在病床上，基本无法行动，可她仍然说："我想学德语。"不久后，她的意识越来越模糊，学习德语变得越来越难，于是她又对我说，希望我可以读给她听。

"记得你上学的时候，暑假时曾非常热衷读一本书，你说很好看。我还没读过那一本。"

母亲说的那本书，是陀思妥耶夫斯基的著作《卡拉马佐夫兄弟》。

虽然我不清楚母亲是否知道自己还能活多久，但一般来说，这种情况下，很多人都会说"这样的状态根本做不到""即使努力也于事无补"，所以会放弃很多事。我非常惊叹，即使在这样的情况下，哪怕不知道未来会如何，母亲还是想学习新知识、愿意尝试新事物。

关于阅读《卡拉马佐夫兄弟》这本书，我也并非完全没有犹豫。其理由之一，就是里面出现了关于《新约全书》的一段内容。

一粒麦子，如果掉在地上的那一刻没有死掉，那它就永远是一粒麦子。但是，如果落地的时候它死掉了，那么就会结出许多的麦子。

这是《约翰福音》第十二章第二十四节耶稣的话。我也很迷惑，我是否应该把这本书读给死亡近在眼前的母亲听。可这是母亲的心愿。

就这样，日复一日，我坐在母亲的病床前读书给她听。母亲意识朦胧的时间越来越长，我也不知道她在听还是没有在听，但我还是一直读着。

我想，母亲没有被余下的生命长度所束缚。她让所有人看到了她积极的姿态，用自己的方式对家人做着贡献。

为满足母亲的心愿，我调整了自己的时间和精力。虽然母亲的状态迷糊到我都不知道她是否能听见我的声音，她仍在为了让我拥有贡献感而贡献着自己。

想起病床上的母亲,我在住院期间也坚持每天努力读书。由于带了很多书到医院,我的病房俨然成了书房。

那些日子,我从纷杂的事务中解放出来,每天都沉浸在想读什么就读什么的自由中。我相信,这样的阅读乐趣,只有在住院期间才有可能拥有。我能发现这其中的快乐,也多亏了母亲的启发。

人生不是马拉松，而是舞蹈

佛教学者铃木大拙开始《教行信证》的英译工作时，已是九十岁高龄。

翻译是一项需要全神贯注投入其中的工作，会给身心带来巨大压力。考虑到学者的高龄，也不是没有可能尚未完成这项翻译就走到人生尽头。但他还是接受了这样一份颇有难度的工作，并且最终完成了它。

我想，如果是我接收到了这样一份邀约，应该也会开心接受。纵然身体不适，但这份工作一定会成为活下去的动力。反正光忧心未来，掰着指头数剩下的时日，是毫无用处的。

但这世上很多父母都会教导孩子"好好想想将来吧"，企业也会教导职员，"预测下一步进展，提前采取对策"。为何，如此忧心未来的事呢？

这是因为，他们把时间和人生当作一条直线了。

如果你问:"现在,你处于人生的哪个位置呢?"

年轻人会指着接近直线开端的位置,而年纪较长的人会指着靠近绳子终端的位置。在大多数人眼里,时间和人生都是有始有终的,每一天都不可逆地朝着终点移动。

这种运动被亚里士多德称为"Kinesis"。在"Kinesis"中,重要的是到达何处,以及能完成什么事。最理想的,就是任何事都能迅速而高效地完成,如果中断了这种运动,或绕了个道,都会让运动变得不完整。

例如,有人通过跳级入学或年少有成,这从"Kinesis"的观点看来,都是最理想的。英年早逝的人生和没能跑完全程的马拉松,都是未完成的、不完整的。

然而,我们也可以想,即使最终没有到达目的地,其过程中的每个瞬间都是完整的,都是被完成了的。如果这样想,那么时间和人生的长短就不再是问题。

"正在完成"的每一件事,都将一步一步变成"已完成"。这就是亚里士多德所说的"Energeia(现实)"。

如果要用一个比喻来形容"Energeia",那就是舞蹈。跳舞的时候,每一个瞬间都是快乐的,即使中断了舞姿也不能说是不快乐的,更不会为了什么目的而舞蹈。

人生亦是如此，现在活着的"此时、此地"才是一个个完整的"Energeia"。如果按照这种方式过一生，就不会再因为余生短暂而忧心忡忡、黯然神伤。

不把人生往后拖延

如果过于忧心未来,也就等于轻视了"此时、此地"。正是因为没有好好珍惜当下,所以才会因为未来而焦虑。

可以说,一对异地恋的情侣也是一样。在一次久违的约会之后,如果问"下次什么时候能再见",这是不满足于那天的约会,这样的人会想方设法争取下一次约会。

和恋人在一起开心度过一段充实时光的人,在约会的时候,是不会去想下次见面的事的。因为他们满心都是此时、此地的幸福,所以没有必要对下次约会寄予过高的期待。

"Energeia"的生活方式,其实就是**一种不把人生往后拖延的方式**。一旦生活方式发生了变化,人际关系也会随之改变。

比如,到了很大年纪才结婚的夫妇,以及和自己父母年纪那么大的人结婚的年轻人。对他们来说,也许随时都可能面临伴侣去世这件事。因为不知道未来还能一起生活多少年，所以根本没有时间去争吵。

和伴侣的生离死别，是一件非常悲恸的事。正是因为如此，才必须努力珍惜一起生活的每一天。

即使没有年龄差，一旦伴侣患上重症，另一半也会非常珍惜当下吧。但是，如果双方从开始就有这份心思，那么两个人的感情，人生的状态，应该也会变得更好。

相信"拥有无限的时间"

人类，可以永葆青春吗？

面对这个问题，法国哲学家让·吉东（Jean Guitton）的答案是："只要你相信自己面前有永远这回事。"（《我的哲学遗言》）

那么，在感觉到自己在不断衰老的人看来，又是如何？吉东说："也许，他们是不相信永远的吧。"

所谓相信永远，就是坚信，自己拥有无限的时间。人类的生命，当然不可能是无限的。但不管余下的生命有多少，内心都想，一定要做"此时、此地"能做的事，就能永远抱着一颗充满活力的、淡定从容的心活着。

哲学家森有正也在日记里写过这样的话："切莫惊慌。先假设你未来拥有无限的时间，从容活着就好。只需要明白这一点，就可以完成高质量的工作。"（《森有正全集》第十三卷，筑摩书房）

之前讲述的铃木大拙的故事，就是一个非常好的案例。他相信自己的时间是无限的，开始了翻译工作，然后漂亮地完成了。其实就算他最终没有完成，也不能说他的人生就是不完整的。

在京都大学的中世纪哲学研究室，我每周都会读两次托马斯·阿奎那的《神学大全》。这是一本用拉丁语写的书，其厚度超乎人们的想象。

有位教授说："要想读完这本书，估计得花上两百年！"虽然现在他已经去世了，但在去世前应该也一直在读吧。这虽然看上去像是一个头脑不清醒的人做的事，但重要的是，与眼前的每一行每一句共度的时光，以及从中收获了什么，而并非最终是否能读完。

如果你认为，无论到多少岁，对自己来说时间都是无限的，就会想要悠然自得地活着。这就是，相信永远，把人生当"Energeia"来活。

即使有人对自己说时间是无限的，但并不能一下就理解其中的意味。但如果你觉得剩下的时日无多，每天都掰着指头数，先不说总有一天会结束，只说比起全力以赴活好每一个"今天"，两者哪个更幸福呢？

当然，肯定也有人在此之前一直把人生当作"Kinesis"

来活，到了这把年纪，很难突然改变这种想法。摆脱长年累月的思维方式和习惯，并非易事。

"神啊，请赐予我智慧。让我拥有接受无法改变的事物的沉着，以及改变事物的勇气。"

这是在基督教社会口口相传的《宁静祷文》中的一段话。不执着于无法改变的事物，直面眼前可以改变的事物。安享晚年的秘密就在于此。

余生对于每个人来说都一样，是无法改变的事实。我们**能够改变的，只有自己的意识。老去的勇气**——安享已经苍老的"当下"的勇气，也许**就是一种调整人生态度的勇气。**

衰老带给我们的，绝非只有病痛与衰弱。不是自己看护别人，就是需要被别人看护。不仅如此，我们还会遭遇亲友的离世，必须熬过这些难关和考验。

在这种时候，如果我们能调整人生态度，那么，救赎之光一定会照耀到心里。

有所执着，未尝不可

Chapter 5

人为何畏惧死亡

衰老与疾病之所以让人心生不安,是因为死亡就在咫尺之外若隐若现。然而,万物皆无例外,无论是谁最终都会迎来死亡。

死亡一直被公认为是诸般坏事中最令人生畏的。然而,对我们来说,死亡没有什么大不了。为何这样说呢?因为当我们存活于世时,死亡尚未到来;而当死亡降临时,我们也早已不复存在。

这是古希腊哲学家伊壁鸠鲁的名言(《伊壁鸠鲁的学说与书札》)。

活着时,死亡并不存在;死去后,"活着"也不复存在。因此死亡根本不足为惧——虽然伊壁鸠鲁如此说,但事实并非如此简单。

的确,人类无法经历自己的死亡。换言之,我们活着时所思考的,不过是死亡这个概念罢了。但在活着的时候,我们也会见过或听过各种死亡。比如，亲人的去世、新闻报道中的死亡事件等。

随着年龄的增长，我们收到越来越多同辈友人的讣告。同学聚会时，大家会首先为去世的同学默哀。虽说死亡不足为惧，但死亡早已融入我们的生命之中。

那么死亡究竟是什么呢？谁也说不清楚。虽然人们对死亡都不甚明白，但每个人都知道，死亡终有一天会来到我们身边。

对于一些既看不到真实面目又难以琢磨的东西，人们往往会感到恐惧。死亡就在生命的前方等待着我们，我们会畏惧，会忌惮，也会想要逃离。这样苦苦挣扎，都是因为我们不了解死亡到底是一种怎样的存在。

对于死亡，大家有什么样的看法呢？

在大型会场演讲时，我一般会使用麦克风。如果麦克风接触不良，我的声音中就会混入杂音，或者会变得断断续续，我说的话就无法准确传达给听众。

打个比方，假如麦克风出现故障相当于人们生病。如果工作人员能修复麦克风的故障，我和听众就能够再次连接起来，这就相当于人们的疾病得到了治愈。

然而，有时并非一时故障，麦克风可能会完全坏掉。麦克风无法修复或永远断线就意味着身体的死亡。如果是这样，我的声音就再也无法传达给听众。

但坏掉的"麦克风"与向听众演讲的"我"之间是有区别的。麦克风失灵后无法向听众传达声音，但我能够继续向观众演讲。这个道理和现实中的死亡也有相似之处。

继续活在重要的人的心中

我们无法再听到已故之人的声音，无法再看到他们说话时的样子，也无法再感受他们的触碰。但这只是无法在"知觉上"感知故人，只要我们读读他们曾写的东西，回味回味他们曾说过的话，就能够用"心"触碰故人的思想与心情。

作家健在，我们可以阅读他新发行的小说；但如果作家去世了，我们就再也无法读到他的新作品。然而如果重温作家已经出版的小说，每读一次都会有新的发现，都会注意到作家的另一面。这就叫"持续感知"一个人，这样的话，这个人就能继续活在我们的心中。

当清晰忆起已故之人时，会感觉这个人仿佛近在眼前。有时在梦中还会与已故之人相见。现在，我还时常梦见去世五年的父亲。当我在梦里与父亲相见时，并不是那些脑海深处的泛着深棕色的古老记忆在重现，而是已故之人自身得以苏醒。

如果是这样的话，也许将来我们自己也可以再次返回这个世界。"生者和死者能保持着这种联系，从这个意义上来说，人就可以长生不死。"

当然，我们谁也不清楚人死后灵魂究竟会不会消失。但我相信人死后灵魂依旧存在。那些灵魂，如今依旧在发声。我们必须倾听那个声音，不断思考故人究竟想说什么，如果他还活着——会说什么。

某种意义上，已故之人可以鼓舞活着的我们。从这个意义上来说，人在死后也可以做贡献。

东日本大地震后，我曾有机会在日本东北各地进行演讲。有一次，坐在最前排的一位男士问了我一个问题。他说自己在地震中失去了母亲，又因为防波堤建设失去了家乡，他问："以后我究竟应该怎么活下去呢？"说着便哭了出来。

我说我们能继续听到已故之人的声音，他们也一直陪伴在我们身边，我还给他介绍了高山文彦的小说《葬父》中的一节。

那个世界，好像是个很不错的地方。去世后，没有人再从那个世界回来。

没有人去世后再回到这个世界。也就是说，那个世界说不定还真是个好地方呢。

那位男士听罢十分震惊，笑着说：

"既然妈妈去世后再也没有回来，那么现在肯定生活在一个很好的地方吧。我也想尽早去妈妈的世界了。"

"不用那么着急，你的母亲一直在等你。"我接着说，"在这个世界上你还有没完成的任务，等一切结束了，再去也不迟。"

谁都不知道那个世界是不是个好地方。也许，那个世界并不恐怖。我做冠状动脉分流手术的时候，就有了这个想法。

手术顺利结束，我从全身麻醉中苏醒过来。那个时候我觉得非常不痛快，像是让人搅了自己香甜的睡眠。当医护人员拔掉插入我气管的管子开始清除异物的时候，比起"啊，终于轻松了！复活了！"的安定感，我更强烈的念头竟然是"不要打扰我"。也就是说，全身麻醉、意识全无的状态其实很舒服。

这并非因为麻醉生效，才"意识"到了舒服，而可以说是身体的记忆。虽然谁也不了解，但也许死亡像是无梦的睡眠吧。我那时突然觉得，也许死亡并非那么恐怖吧。

死后魂归之处

即使想到了死后的世界未必糟糕,但与亲爱的人分离着实悲伤。每每想起故人,心中悲痛不已,半晌都恢复不过来。

但若让已故之人知道,家人朋友因为自己离去而终日沉浸在悲伤之中,那他们一定不会欢喜。

无论多么伤悲,我们都必须坚强挺过。及时恢复,大步向前,顽强生活——这才会让故人感到欣慰。

假设我能与死别的亲人再次相见——这是我最大的愿望——那么,除非我死,否则绝无可能。

这是哲学家三木清《人生论笔记》书中的一句话。虽然书中写的是"他们",但实际上三木清脑海中所想到的,是自己已故的妻子喜美子。

活着的时候,无论怎么祈祷,都不能再与妻子相见。但如果自己死了,就有机会与妻子再次相聚了。如此说来,三木清是想说,死亡不应该完全被否定吧。

在为喜美子一周年忌辰编撰的追悼文集（《写给孩子气的她》，《三木清全集第十九卷》）中，三木清引用了佛教用语"俱会一处"，写了"我们不久就会在同一个地方相见"这句话。不必慌张，终有一日会再次相见——这种想法也许会对克服悲伤与对死亡的恐惧有所帮助。

此外，为了应对死亡，三木清还列举了一条"找寻自始至终都会留恋的东西"。

通常，如果一个人有什么留恋的东西，他会觉得哪怕死亡降临，自己也不会真正死去，死亡也阻断不了自己与现世的联系。但当有人问三木清："如果虚无的内心没有任何留恋的东西，那人不就是无论如何都死不了的吗？"

三木清说："有眷恋之物的人们，死后会拥有自己的魂归之处。"

也就是说，有所执着，未尝不可。比起觉得执着是一种对自我的束缚，**还不如放松一点儿，相信"执着一点儿，未尝不可"，这样反而能让我们从这份束缚中解脱出来。**

人会有各种各样的留恋，对于父母来说，孩子的存在就是他们最大的留恋。我患心肌梗死病倒的时候，最先想到的就是孩子们，无法亲眼看到孩子们的未来，这是最为遗憾的。

三木清说，深深留恋的东西会成为人们活下去的动力，同时也会成为加速死亡的推力。"死后魂归之处",指的是死后依旧思念的人。三木清深深留恋的人,是独生女洋子,小时候她的母亲就去世了,三木清将女儿当作自己死后的魂归之处。

"如果有人真心爱我,在他那里我便获得了永生。"

这也就是说,即使身体死去了,三木清也依旧活在洋子心中。尽管世上没有什么长生不老的灵丹妙药,可只要尽心尽力,深深爱着并踏实度过每一天,我们就能继续活在自己所爱之人的心中。

苏格拉底逝世前夕

柏拉图在对话录《斐德罗篇》中详细记录了苏格拉底逝世前夕的事情。苏格拉底被判处死刑，行刑当天，他依旧在和同伴谈论灵魂不死的问题，之后在狱中一口饮尽毒酒，静静等待死亡的到来。

无论是多么恐惧死亡的人，在临终时都想平心静气地进入永恒的长眠之中。我也如此，希望尽可能安静地死去。谁说人必须死得轰轰烈烈呢？

心神不宁，头脑混乱，手忙脚乱，这些都无可厚非。虽然日本有种文化是鼓励一个人去世时应该果敢痛快，**但人与人的生存方式各不相同，正因为活法不同，死法才会有各种各样的形式**，这样难道不好吗？因此，我们没必要为自己的手忙脚乱和挣扎恐惧而感到羞愧。

其实我对人们特别关注死法和临终这件事十分不解。即使一个人人生短暂，即使一个人自寻短见，我们也不应该聚焦于此来谈及这个人的一生。当然，死亡绝非小事，但也不应该是讲述某个人的人生时唯一的谈资。

我母亲还不到五十岁就与世长辞了，她的一生远不及日本人的平均寿命那么长，虽然并未走完整个人生，但也绝不可悲可怜。

每个人的人生中都会达成许多成就，都拥有许多喜怒哀乐。如果我们能把注意力放在这些方面，把心灵和视线投向充盈的人生，就不会去想自己的人生还剩几年，也不会满心执着于人生的临终之期。

如何活好当下

柏拉图记录过苏格拉底的这句名言："人们畏惧死亡，是因为人们非常清楚自己不了解死亡。"（《苏格拉底的申辩》）明明不了解，却像知道一样断定死亡是可怕的，但面对死亡，也只能如此了。

无论如何思考，也无法得知，**那就只好接受让人不明所以的死亡本身了。没必要打破砂锅问到底，也没必要为此事忧心苦恼**。这绝不是享乐主义，而是一种立足当下、活好当下的解决方案，而且既聪明又现实。

无论死亡究竟如何，我们都不应因其而改变眼下的生活方式。

消极地认为"反正人死了就什么都没了"，并不是件好事，但也不能迷信死后的因果报应。人活着时，就应该着眼于现在来思考。

如果日日盘算着死亡何时到来，就无法活好当下。这其实就是假借思考死亡问题之名来逃离现实或转移话题。

三木清说，要想过好这一生，最好的办法不是因为恐惧而选择不闻不问，也不要因为死亡而困住心灵，而是感受到"死亡的平静"。只考虑将来的事，导致浪费了当下无数的可能性和幸福，这何其可惜！

追溯作家或画家的人生时，我们会发现，很多人直到老年还在精力充沛地创作，他们的绝笔之作往往都是杰作或其代表作之一。哲学家也是如此，据说活到八十岁的柏拉图就是在写作中逝世的。

直到临终之时还在写作——濑户内寂听在接受采访时曾说道，这就是他的理想。直到生命的最后一刻，都在全力以赴做自己力所能及的事，在这个过程中迎接人生的终点，也许确实是一种理想。

如何迎接死亡，跟我们如何过好当下息息相关。为了在遭遇衰老和疾病、死亡近在咫尺时，也能保持平心静气，我们应珍惜眼前的幸福，好好走过人生的每一段路。

三木清认为，幸福是"质"的，是独创的；与此相对，成功是"量"的，是一般化的。在与人相比时，成功可以用数值表示出来，诸如出人头地、涨工资、评价和成果等，都是最直接的表现形式。

给可量化的成功带来阻力的是衰老、疾病以及死亡，这些阻力可能会让我们与成功和希望失之交臂，可能会背叛我们，但幸福和希望永远不会让我们失望。

在接下来的章节中，我会对幸福和希望稍作思考与探讨。

不够『成熟』，则无法照顾他人

Chapter 6

最难的，莫过于如何与年迈的父母相处

那些席卷而来的"年迈波浪"，是如何改变着人们以及人们每日的生活呢？——教会我们这一点的，是父母。常言道"百闻不如一见"，只有赡养父母之后，我们才能体会到衰老究竟为何物。

在自己逐渐衰老的同时，还要目睹父母的衰老，这本身就是一件痛苦的事。父母变得步履蹒跚，像拼图丢了一片，继而记忆不断减退，就像拼图又少了一片，不久之后，日常生活也会出现各种各样的困难。

在这个时候，最重要的就是我们应该如何调整姿态赡养父母。如何面对衰老的父母，又该如何与他们相处——这是最困难也是最容易被忽略的问题。

因为希望父母能够安享晚年，所以才劳心劳力地照顾父母。在现实中，很多人一边想竭尽全力照顾，一边又为望不到头的日常护理而心力交瘁，最终导致在精神上陷入绝境。

这时，人们会冲着父母大喊大叫，争吵之后再后悔莫及，这种行为完全与希望父母颐养天年的心意相违背，会导致自己和父母都陷入怨天尤人的状态之中。

阿德勒曾说：**"所有烦恼都是人际关系方面的烦恼。"** 赡养父母的烦恼也是一种相处的烦恼，而且和年迈父母的关系的确是各种人际关系中最为复杂的。这是因为亲子之间比任何关系都更亲近，并且历时最久。

无论是在怎样的人际关系中，若非某一方率先妥协，就不能改变现状。这也就是说，我们无法改变他人。如果无法改变他人，那就只能改变自己。在与需要我们照顾的父母相处时，**我们首先要做的，就是下定决心改变自我**。

父母总是翻来覆去地念叨陈年旧事，或总说一些任性的话，这些难免令我们感到困扰。但转念一想，年迈的父母所剩的岁月并不长，我们能和父母相处的时光也越来越短暂，所以哪里还有时间去生气。对我们来说最重要的是，要做好不再为各种不顺心生气的心理准备，以及拥有接受现实的勇气。

"成熟"的三个条件

如今,街头巷尾都充斥着各种抗衰老的信息。比如:想延长自己的寿命,什么都比不上每天散散步;注意饮食营养均衡,上了年纪才更应该吃一些肉食;每天动动手做做事情,或许会有预防阿尔茨海默病和延缓阿尔茨海默病恶化的效果;等等。

如果听人说起某件事对健康有益,我们就会想推荐给父母,至于尝试不尝试在于父母。"为什么不试试呢?""我明明是为了你好。"这种强加于人的说法,其实就是试图改变对方的言行和态度。父母会因此感到压力,如果遵循了孩子的提议,就相当于自己认输。所以为了不认输,父母往往会拒绝孩子的提议,如果事情这么发展,根本对父母没有任何帮助。

我们要做的是,不强求对方改变,首先改变自己。那么,应该如何改变自己呢?总而言之——变成熟。

成熟有三个条件：**第一，自己认可自身的价值。**自己的所作所为、自己的存在价值与他人的评价无关，首先自己要认可，相信自己有价值。简而言之，就是无须寻求他人的评价或认可。

如果期待父母能和自己说"谢谢"，期待周围人能赞扬自己"太辛苦啦""你可真孝顺父母呀"，那么照顾父母这件事就会变成一种痛苦。这是因为，父母不一定会因此感激我们，身边的人也未必会认可我们的努力。

如果我们还未彻底变成熟，就会为了得到他人的评价、认可而勉强自己。如果没有获得自己预期的评价，他人也没有表现出认可之意，我们就会心生不满，"我明明都这么努力了！"然后会把攻击的矛头对准父母和身边人，最终导致关系的恶化。

第二，对于那些必须要自己决定的事情，就一定要自己决定。

上小学时，我家住在学校的尽头，所以放学回家后不会再出去玩。有一天，朋友打电话来，问我去不去他家玩。我想着必须要得到母亲的允许，所以就问了问身旁的母亲："我可以出去玩吗？"母亲说："这种小事儿，你自己决定。"我至今都还记得，当时我有多惊讶。

的确，去不去朋友家玩是我自己的事，并不是母亲的。这件事我必须自己做出决定。从那件事中，我学到了自己的事情必须独自承担责任，自己去选择、去判断、去执行。

面对衰老的父母，我们能够做些什么、要做些什么，所有这些都应该自己思考，自己决定。如果看到所有人都那么做所以自己也那样做，或听别人说怎么好就怎么做，这些都是不好的。

所谓自己的课题自己决定，就意味着我们能做到尊重对方，让他们以自己的方式去选择自己的人生。这件事至关重要。决定怎样度过晚年生活的，是父母本人。我们不应该插手过多，身为子女，不应把自身的想法和希望强加于父母身上。

我们希望父母上了年纪也能精神矍铄，快乐充实地度过每一天；同时也希望老人能为子孙做出榜样，既慈祥又仁爱……希望父母符合我们的理想，其实是因为我们没有做到**成熟的第三个必要条件——摆脱自我中心性**。

所有人都是社会共同体的一部分，但这并不意味着每个人都处于这个共同体的中心位置。"我"并不需要为满足他人的期待和要求而生活，"他人"也并不是为满足"我"的期盼和心愿而活着的。

父母和孩子是一个共同体，无论是父母还是孩子，都是这个共同体的一部分，然而，他们又都不是这个共同体的中心。照顾父母的关键就在于，在相处的时候，对这一点心中有数，并做到自觉遵循。如果违背了对方的理想和期待，导致双方都感受到无谓的挫败感，那么，照顾父母这件事迟早会变得难以为继。

接受真实的父母

不寻求他人的评价和认可，把自己的事和父母的事分开思考，明白父母并不是为了满足子女的理想和要求而生活——满足"成熟"的三个条件，我们就**能够接受真实的父母**。

如果对方想让我们变成他们理想中的样子，他们又只通过"减法"思维来看待现实中的我们——无论是谁，都不会高兴。孩子是怎样看待我们的？孩子是否接受了我们？其实这些都会通过我们的行为传达给父母。

接受真实的父母，正是尊重父母的表现。只要尊重父母，我们就不会把一些东西强加于父母，也不会对父母出言不逊。

父母无法做到某事，便认为他们很可怜，如果父母做到了，又对之大加赞扬，其实都没有尊重真实的父母。赞扬，是一种高高在上的、将自己的理想强加于父母的行为；觉得父母很可怜,也不过是某种居高临下的感伤。这两点我们都应该注意。

父母年纪大了,许多事都无法再做到,当看到他们的身影时,我们难免也会痛苦,就像看到自己的将来一样,很可能会情不自禁地想逃避。

然而,我们关注的不应该是失去的东西和"做不到的事",而应该是现在"能做的事"。如果父母明明能够做到却选择不去尝试,那么我们也应该理解父母的心意和选择。

不要拿眼前的父母去和我们期待中的"理想父母"、曾经精力充沛的父母相比——哪怕仅仅做到这一点,我们对待父母的方式都会有很大的转变。

能和父母在一起，就值得感恩

现如今亲子关系中，最欠缺的就是"谢谢"。父母可能没有对我们说过"谢谢"，但我们是不是也没有对父母表示过感谢呢？

哪怕只是一些小事，如果孩子对自己说了声"谢谢"，父母就会觉得自己对家庭是有用的，会肯定自身的价值。我们能够和父母在一起，本就是一件值得感恩的事。如果能因为和父母生活在一起就十分"感恩"，那我们就能克服绝大多数困难。

在日语中，值得感激（ありがたい）的字面意思是"存在（ある）本身就很难（がたい）"，也就是为数不多、十分稀缺的意思。照顾父母的日子，恐怕比我们想象中的还要困难吧。但如果我们能大声说出感谢，并不断传达感恩之情，能珍惜每一天，和父母和谐相处，那我们就能够拨云见日，与父母建立起良好的关系。

人们通常倾向于将目光投向事物的"阴暗"一面。为了照顾父母牺牲了自己的事业和时间；不管怎么努力，父母都在不断地衰老——如果被这些消极的事情扰乱心智，就无法关注到眼前事物美好的一面。

我上研究生时，母亲因为脑梗死病倒，为了护理她，我休学了三个月，后来为了照顾患上阿尔茨海默病的父亲，我又无法去工作。那些日子，我也因为这些事感到满心焦躁、不知所措、郁郁寡欢。

可如果我当时不是在读研，而是在公司上班，那二十五岁的我就是刚刚进入公司的新人，想必肯定无法休假三个月来陪伴母亲、为母亲养老送终吧。

父亲需要我照顾的时候，正好也是我病后调养的日子，主要在家办公。正因如此，我才可以长期坚持每天去父亲家，陪伴在他的身边。命运让我在人生的这个阶段能够护理父母、照顾父母，实在是一件幸福的事。

如果能像这样，看到事物积极的一面，并做好必要的心理准备——这就是我的人生，那我们肯定能轻松许多。

"这话，我以前说过吗？"

照顾父母时，难免会悲伤、会厌倦、会火冒三丈。其中一件事，就是每天都要听他们一遍又一遍地念叨陈年旧事。

上了岁数的父母变得唠唠叨叨，有的儿女会因此而感到无奈。然而这世上没有人会反复说完全一样的话。如果听的时候心里先入为主地想"又来了"，自然只能听到重复的话。

即使大意一样，但如若仔细听，我们就会发现，每次讲出来在细节上都会有些许不同。那些细微的不同，反映着父母的"现在"，所以这些细节足以成为我们了解父母的心情和兴趣的重要线索。着重去听其中的不同，耐心聆听，不放过任一微妙的信号，这才是真正的"听别人说话"。

那些翻来覆去念叨的话，都是父母认为最重要的。思考父母为什么执着于重复这些话，有助于我们理解父母现在的状况。

我有一个朋友是精神科医师，他从小就喜欢听祖母讲话。虽然祖母说的话每次都一样,但祖母问他"这话,我以前说过吗"的时候,他都会回答:"嗯,虽然之前也听过,但祖母说的话不管听多少遍,我都觉得很有趣。"

听别人说话时,请默认为这是你第一次听到,并且十分有意思。这样,父母就会说得起劲儿,我们也能看到父母脸上不同于往日的表情。

人的记忆是在无意识中被编辑的。父母说的话也每日都在编辑更新,可能会插入新的花絮,也可能会省略原来详细讲过的部分。

我们的记忆也是如此。记忆里,当我能和父亲心平气和相处的时候,父亲正痴迷于摄影,经常拍摄照片。父亲拍的大多是风景照,但在他的相册中我发现了一张我的照片,那是我们两个人不知去哪儿外出时父亲给我拍的。

随着年龄增长,我和父亲之间出现了又深又险的代沟,我甚至都想不起来我们两个人单独外出过。但我和父亲的关系发生变化时,就因为一张照片,我忽然又想起来了。

我还想起,自己曾拆了父亲最心爱的一台双反相机,最后还弄坏了。我记不清父亲当时是否很严厉地训斥了我,但在我的印象中,父亲注意到我对相机的构造十分感兴趣,而且想弄清楚相机的构造,所以选择了尊重我的行为。

也是因为这件事，我和父亲的关系发生了变化。现在我还能回忆起几十年前的事情，还能想起当时的情景，记忆果然不可思议。

父母记住的事或忘却的事，也会根据"此时、此地"的心情以及和家人的关系来被编辑，如此想来，记忆的再编辑也是有可能的。**比起叹息"连这种事情都忘了"，还不如努力改变自己，积极改善和父母的关系，这种做法才更现实，也更有建设性意义。**

否定父母的胡思乱想，会导致父母病情的恶化

　　胡思乱想是阿尔茨海默病的常见症状之一。怀疑有人偷走了自己重要的东西；明明在家却说"我想回家"，而且说着就要出门……虽然明白这明显就是父母的胡思乱想，但如果父母没有做出让自己身处险境的行为，我们就无须否定他们。这是因为如果我们否定他们，会导致病情恶化。

　　我曾听说过这样一件事，是一对相依为命的老夫妇的故事。

　　有一天晚上，老爷爷说："今晚半夜，讨债的人会来。"当然，事实上这种事情根本不可能发生，可老奶奶却说："那可坏了！一会儿要有客人来，我们现在开始大扫除吧。"于是，两个人就一起收拾起屋子来。过了一会儿，老爷爷又说："好像有点儿困了，我去睡觉了，晚安。"说完就上床睡觉去了。

　　我认为老奶奶的处理方式非常恰当。她甚至没有把"讨债的人会来"这句话当成老爷爷的胡思乱想，她也不认为自

己必须去应付胡思乱想的丈夫。

既然客人要来，那么把屋子打扫干净是理所当然的。不管怎样，只要当事人没有将自己置身于危险之中，我们就无须将他们强行拉回现实世界。主动尝试进入父母生活的世界吧。如果能分享他们的故事，默默地守护着他们，那么父母也会慢慢恢复平静。

并不是只有阿尔茨海默病患者才有这种行为。我曾就职于精神科医院，我发现那些**胡思乱想的患者越被人们否定，他们的病情就会越重**。当他们胡言乱语时，不要急着去否定他们，不要说"不是那样的""不可能"，听他们讲话时，自己也要想"是这样啊"。

我那位精神科的医生朋友曾说起过这样一个故事。有一位患者投诉，说有人安装了窃听器，他便和那位患者一起去阁楼寻找，结果蹭了一身灰尘。当然，最后也没找到所谓的窃听器。朋友问患者："你不觉得很可能藏在什么地方吗？"患者回答："我觉得可能还是有窃听器。"朋友又说："没准儿就藏在这堵墙里。"说着就要拿锤子把墙凿开。这时，患者反而被吓到了，主动停止了寻找，而且，听说那位患者从那以后再也没有胡思乱想过。

不要提及父母遗忘的事

患有阿尔茨海默病的父母经常记错事或想错事,家人觉得那是在胡思乱想。虽说阿尔茨海默病是大脑的疾病,但忘记什么、记住什么、怎么记住,都是患者自己进行选择的。

如果患者本人不想回忆起来,或觉得应该忘记所以选择了忘记,**那我们就不能指出他们忘记了,不能强行让他们回忆起来,或试图修正他们的记忆。**

我父亲患有阿尔茨海默病,晚年他连自己的妻子——我的母亲,都忘记了。但父亲八十岁后,又能清清楚楚地记起自己以前结过婚,老伴儿二十五年前就去世了,自那以后都是独自生活,也许,这也是一种幸福吧。

我想,之前恐怕是父亲自己不想记起来吧。即使我把相册拿给父亲看,他也依旧想不起母亲,这让我非常意外。到现在,我还依然记得,当看到父亲忘记过去时自己有多难过。这是因为,我发现那些和父母一起经历过的过去、自己曾经生活在其中的印记，全都消失不见了。

随着阿尔茨海默病的恶化，父亲也开始需要我的照顾，他曾问我："你什么时候结婚啊？"明明我老早以前就结婚了，妻子也同我一起承担着照顾父亲的责任，但父亲仍旧觉得我还没结婚。

然而，当我问父亲为什么问我这个问题时，父亲回答道："不看到你结婚，我是不会死去的。"当我和父亲说完"我早就结婚了"，我发现父亲突然整个人变得沮丧起来，所以我把自己说的话含糊过去了。

年轻时，我和父亲关系不太好，那时母亲就是我们的"防波堤"。从母亲去世到我结婚这段时间里，都是我和父亲两个人生活在一起。虽然不足半年，但对于我来说是一段非常痛苦难挨的时光。父亲心里依然记得那时候的事，所以他在患病期间一直挂念着我结婚的事。关于和我一起生活的事以及和我的关系，父亲和我的记忆也大相径庭。

有时，我们会突然注意到父母忘记了某些事。我能想到这点，还多亏了父亲。从这个意义上来说，哪怕父亲忘记了很多事情，但他的遗忘对家人也是有益处的。

父亲忘记了母亲，但依旧记得和我在一起时的生活，即使我们的关系绝说不上是好。我注意到这是父亲无意识的选择，选择性忘掉了妻子先去世的悲伤，觉得自己必须坚强，挺到儿子结婚的时候——父亲可能就是这样自我激励的。

父亲临终前勉强还能记得我,究其原因,可能是因为从我小时候起父亲就一直很担心我。中学二年级时,我和一辆摩托车迎面相撞,受了很严重的伤,右手和骨盆骨折了,花了三个月才完全养好。当时父亲在公司收到消息时,还以为我出事故去世了呢。

从那以后,父亲就非常担心我。不仅念叨着让我早点儿结婚,还一到春天就打电话问我:"找好工作了吗?"

我并不是建议大家让父母担心自己,但是**让父母有所挂念、让他们感受到自己在家庭中的重要性,会支撑他们活下去**。前面我也讲过,我因为心肌梗死紧急住院时,日趋衰老的父亲突然恢复了气力,我出院时,父亲还说:"我开车去接他回来。"当时,全家都震惊了。

从那之后,父亲的认知能力就突然开始下降。一方面,可能是我把注意力都放到了自己的病情上,没怎么注意到父亲的变化;另一方面,也是因为不想让上了年纪的父亲担心,不想让他勉强自己。有一阵子我没给父亲打电话,就在那段时间里,父亲的状态彻底改变了。

现在我时常在想,如果那时我能再依赖父亲一点,可能会激发父亲的生存欲望吧。即使父亲的阿尔茨海默病恶化,或许我也能早些注意到,并采取一些措施帮他缓解。

年老昏聩其实是一种过滤器

接到银行电话的那天，我第一次意识到父亲患上了阿尔茨海默病：因为他明明说自己还有很多养老积蓄，银行却通知无法划账。

后来，父亲因为内科疾病住院两个月。在此期间，父亲的爱犬寄养在我妹妹家，但出院回家时，父亲完全没有提起那条狗。一起生活了那么长时间，而且又那么宠爱它，那时的父亲却完全忘记了它的存在。

父亲是某个宗教的信徒，曾经很虔诚，还强烈推荐我入教。但出院后的父亲，别说烧香拜佛了，就连那扇门都没有再打开过。强烈的信念和关心都能消散在遗忘的彼岸，这令我震惊不已。

住院前，对父亲来说，以上两者都曾是不可或缺的精神支柱。不过，或许忘却之后，少了一些记忆，自由便会多一些。

"年老昏聩是一个过滤器：经历身体机能的衰退之后，才会更加相信留存在内心的人和事。"

这是哲学家鹤见俊辅写在自己日记里的一句话(《〈老年昏聩帖〉后篇》)。也许人是为了晚年能够活好每分每秒,才选择抛开纷繁复杂的记忆,只留下那些真正重要的。

暮年的父亲,就像是在过去与现在、梦境与现实错综交织的浓雾中度过的。有时也会突然拨开云雾见青天。我发现只有在那个时候,父亲的记忆才是准确的:他才能准确理解自己如今身处何方、状况如何。

然而,那如浓雾突然消散般的瞬间,持续的时间并不太长。照顾的人应该对这一点铭记于心,千万不要错过这些幸福的瞬间。

记忆之雾消散的那天,父亲说:

"忘却是无可奈何的事。如果可以,我想从头开始。"

这句话道破了阿尔茨海默病患者与子女的关系核心。虽然人们一边受过去所限,一边开始新的生活,但终究无法回到过去。可无论如何,都可以从此时、此地开始重新构建人际关系。

假如父母忘记了自己拥有孩子,那就当作初次相见,保持这份新鲜感,然后努力和父母建立新的良好关系,这也很可贵吧。假如妻子忘记了我,那就再和妻子恋爱一次又何尝不可——如果能这样看待问题，就不会畏惧遗忘了吧。

鹤见俊辅还有这样一句名言：

"此时、此地的我们，还别有他求吗？"

虽然看到父母连刚刚发生的事情都会遗忘，我们会心痛不已，**但活在"此时、此地"的父母简直拥有最理想的生活方式**。如果父母通过"老年昏聩"这个过滤器只记住重要的事情，那么作为家人，我们能做的最好的事情便是——珍惜父母记住的东西，努力去体察其中的含义。

阿尔茨海默病患者的理想生活方式

"忘了也没办法",听到父亲说这句话时,照顾他的我应该将这样的客观现实铭记于心。

父母忘记了很多事,无法做到的事也变得越来越多,这都是无能为力的。再忧心忡忡,也不会得到丝毫好转。即使父母没有放下对过去的执念、没有抛弃曾经的乡愁,我们也应该率先下定决心放下过去,专心活在"此时、此地"。

对过去放手,**"把人生的每一天当成全新的一天,日日如新"**。不再谈及往事,把和父母相处的每一天都当作初次见面,这样就可以更好地倾听对方的话语,心怀敬意地与之相处。

不仅要对过去放手,对未来也要学会放手。如果总是忧心未来,就会忽略现在的生活。既然每天都在开始全新的人生,那么明日之事就交给明日吧!

"不困于过往,不担心未来。" 这句话道出了身患阿尔茨海默病父母的理想生活方式：也许随着日渐糊涂，连对死亡的恐惧感都将变得不再清晰。虽然我不认为他们可以完全摆脱对死亡的恐惧，但至少可以偶尔抽身出来，获得片刻自由。

"现在我们就在这里，难道还有何所求？"这句话所描绘的境界，正是如此。患有阿尔茨海默病的父母用带病之躯告诉我们，原来人还可以这样活。

此刻，我们就在这里，这难道还不够吗？我想把这句话告诉那些深陷照顾患病父母的旋涡中而不可自拔的人们。

孝敬老人，并不意味一定要做些什么。父亲晚年时，除了吃饭，其余时间几乎都在睡觉。"我就只剩下睡觉了，所以死了也没关系。"父亲满脸严肃地说，"就因为有你在，我才能安心地睡下。"哲学家鹫田清一说过：**"并不一定要做什么，默默陪伴在侧，本身就是一种力量，我们应该对这种力量给予肯定。"**（《咀嚼不尽的思想》）只要陪在父母身边就可以了——如果能这样想，我们也会轻松很多。

之所以觉得必须要做些什么，是因为我们需要通过照顾父母而获得一些回报。无论是照顾老人还是抚养孩子，渴望寻求回报都必然带来痛苦。只有放弃这种想法，照顾父母时才会因为有所付出而感受到幸福，如此就足矣。

我就是抱着这样的心态来照顾父亲的，但某天父亲对我说了一句"谢谢",这让我十分意外,因为我没有期待过得到感谢,所以才会那么感动,那份喜悦至今记忆犹新。但父亲的下一句话就是:"饭还没做好?"这又让我全身开始充满着无力感。我只好答道:"我们刚吃完。"父亲低声应着,然后就走开了。

照顾父母有时会伴随一种无力感。即使操碎了心,带着他们四处散心,他们就是完全记不得。可是,我们不是也不记得小时候父母对自己的付出吗?现在,只不过是角色互换罢了。

聚焦在"能做到"的事情上

我们能做到的：就是在生活中时常告诫自己，要做"此时、此地"所能做的最好的事。但事实上，回顾往事时，人们总会有遗憾，"当时，如果我能这样就好了"。照顾父母也是如此，总有诸多悔恨。

照顾父母时，与其关注"没有做到"的事，不如把目光放到"做到的事"上，或是哪怕想一想"和父母心意相通"的瞬间，都可以让我们的心情大不相同。

我一直后悔，如果在母亲脑梗死时，我能早一点儿把母亲送到脑神经外科医院，她就可能在更早的阶段接受必要的治疗。而且，自己明明一直在病房照顾，却连母亲的最后一面都没见到，为此我在很长一段时间里都痛苦不堪。

然而，无论多么细心照顾，多么拼命看护，意外还是会发生，这就是不可抗因素。所以，我们不能指责任何人。

如果一味聚焦在失败的地方，每天都在抱怨"那里不该那么做""如果当时那么做，现在就不会这样"，这是很可笑的。

我一直为没有见到母亲最后一面而悔恨不已，但我没有将这件事告诉父亲和妹妹。当然，就算父亲知道了我恰好在母亲去世的那一瞬间出去了，他应该也不会责备我。

事实上，我们应该把焦点放在长时间照顾父母这个事实上。就算那期间犯了很多错误，而且最终还失败了，但最重要的一点是——我们已经尽了自己的最大努力。

从母亲病倒到去世的三个月间，其实发生了许多事。而我只把焦点放在了最后的瞬间，责怪自己为什么没有做得更好。但我相信，母亲在意识尚且清醒的那段时间，一定因为和我一起学习德语而感到了欣慰和喜悦。

这对母亲来说是一段幸福的经历，我对母亲的幸福时光亦有所贡献。后来，我尝试把焦点转移到这件事上，才最终得以释然。

这个思路不仅仅适用于护理病患这件事上。每个人的人生都是五味杂陈的。**如果能把焦点放在"此时、此地"，就会发现自己已然做到了最好，并且竭尽全力生活着，如果能这样想，失败也就没什么大不了的。**

历史无法改变，但只要能从不同的地方、不同的角度来回顾往昔，应该就不会过分自责，让自己深陷悔恨的深渊。

勇于承认『做不到』

Chapter 7

首先，要让自己幸福

照顾父母的人因为悔恨而备受折磨，甚至被逼得喘不过气来，究其原因之一，就是觉得如果自己再努力一点儿，就可以让父母幸福了。可往往事与愿违。即便满心期待父母能够幸福，做了所有能做之事，也许也未必能让父母感到幸福。

曾经有家长来我这里咨询，他们因为孩子拒绝上学而苦恼。"我该怎么办呢？"父母满脸焦虑地问。然而在这个问题上，父母什么也做不了。是否去学校，是孩子自身的问题，理当由孩子决定。即使孩子不愿去学校，即使他最终的选择和父母的理想相违，父母所能够做的——也都是在当下与孩子好好相处。

亲子关系缓和之后，孩子有可能选择去上学，也有可能选择不去。这都该由他自己做决定。

父母殷切地期盼着那些拒绝上学的孩子或啃老族愿意走进学校或步入社会，但孩子却一直待在家里。如果在父母看来，这样的人生是不完整的，同时孩子自己也产生了这样的念头，那他们就是一起在浪费"当下、此刻"的人生。

那些为孩子不去上学而焦虑的父母，一言一行都显露着他们有多痛苦，仿佛"正处在不幸的深渊之中"。

但对于孩子来说，他们并不希望自己不上学或不工作，让父母操心。父母的幸福与不幸，都会感染到孩子。如果父母希望孩子幸福，首先应该让自己幸福。

人们之所以会让自身的不幸溢于言表，其实是有目的的——那就是引起身边人和社会的同情。然而，这么做无异于与孩子为敌。

有些父母恨不得搞得尽人皆知，"我千辛万苦把你拉扯大，但你现在又不去上学，所以我才这么不幸"。父母这么做，孩子会很难过。无论孩子是否去学校，只要父母生活幸福，这就足够了。

为什么要提起这个话题呢？因为这和照顾父母是一样的。一个人竭尽全力照顾父母，但仍觉得没有完全尽孝，于是他会在不知不觉中开始向周围人倾诉，诉说自己有多么不易，诉说自己有多么努力。

但对被照顾的父母来说，看到孩子言谈举止中表现出不幸，他们也绝不会感到开心。对他们来说，这世上没有什么事情会比孩子的不幸更令自己痛苦。如果这种不幸是因为照顾自己造成的，那这种痛苦会更甚。

三木清曾指出："对我们所爱的人来说，还有什么比让自己生活得幸福更重要的事吗？"**人们无法让别人幸福，别人也无法让自己变得幸福。如果想让家人幸福，首先应该让自己幸福。**除此以外，其他事情都不再是我们所能左右的了。

照看父母时，必须要认真做好"能够做到的事情"，但如果有"做不到的"，也没有必要感到压力。人们之所以会感到压力和不幸，是因为没有将希望和期待区别开来。

三木清的《人生论笔记》中有这样一句话：

"有人说，期望越大，失望越大，所以不想体会失望的人，最好从一开始就不要抱有希望。然而，落空的希望并非真的希望，反而更像是期待。"

失望就是"失去希望"，但希望绝对不是能够被丢失的东西，三木清说这就是"生命的形成力"。生命的形成力就是联系生命，编织人生。

无论在何种绝望的状况下，人们都要怀有希望。希望赋予人们开拓人生、改变人生的力量。照顾父母时，最重要的并非期待父母病情好转，也并非期待自己能够获得感谢和好的评价，而是无论在何时都希望父母和自己幸福的同时，首先让自己幸福。

现实生活中,照顾父母绝非易事。但如果现实情况要求我们必须去照顾父母,就唯有以愉快的心情去行动才能幸福。换一种思维方式吧!不是"不得不去照顾父母",而是以"另外一种形式收获和父母共度的时光"。

过去,父亲对我来说十分难以亲近。但当我开始照顾父亲时,我们之间的关系发生了很大的变化。当然,照顾父亲也会有痛苦、艰难的时候,就像刚才提到的一样,这同时也是人生的机缘。如果能这样想,就会觉得以这种形式和父母共度一段时光,也是十分可贵的。

即使是看上去暗无天日的残酷现实,只要稍稍改变一下内心的观察角度,就会有全新的发现,我们会看到——原来,黑暗中也有光明。

喜悦只会来自人际关系

当今社会，老年人照顾比自己岁数更大的父母和家人的"老老照顾"现象正在加剧。近来，因为疲于照顾老人而选择自杀的不幸事件时有发生，希望人们在感到疲倦时能够去寻求他人的帮助。一个人**需要帮助，并不意味着失败和羞耻。**

我的情况，其实就是"老病照顾"。我开始照顾父亲时，正是刚做完手术不久，而且自己还患上了哮喘。为了能在身心疲倦之前解决这件事情，我告诉父亲自己已经坚持不住了。

做不到还要硬扛，其实是希望得到周围人对自己努力的肯定，无法接受别人指责自己"袖手旁观"。但不管是照顾老人还是孩子，都要摆脱"我必须这样做""我必须要做到十全十美"的心理。

在家里照顾父亲时，我的体力已经达到极限，幸好有护理机构能照顾父亲。家庭情况各有不同，但对我父亲来说，进入护理机构后他的身体状况比在家时变得更加良好。在家时，父亲几乎没有机会与我和妻子以外的人交谈，也没办法和他人产生联系，但在护理机构时，父亲可以和工作人员说话，还可以和病友们交谈。这也是他状况变好的原因之一。

不久，父亲就从阿尔茨海默病护理专区搬到了一般护理区。虽然阿德勒说过"所有的烦恼都是人际关系方面的烦恼"，**但也只有在人际关系中，才能酝酿出喜悦**。很多人心理上无法接受将父母托付给护理机构，因此做决定时犹豫不决，但我们可以将其作为不错的选择之一。

为了获得必要的帮助，首先确保自己的幸福，这一点非常重要。如果我们不停地抱怨照顾老人有多困难，摆出一副痛苦的样子，那么即使有人想伸出援助之手，也会有所顾虑。

虽然自己曾经是主要护理人，但在全家人共同承担照顾老人的义务时，也不可将自己的做法强加于人。比起日日在跟前打转的我，父母在见到难得一见的家人和亲戚时，会显得更高兴。但如果我们因此感到生气，那就是在浪费时间。对父母来说，偶尔前来拜访的人是客人。应该这样想，如果能和客人一起度过愉快的时光，那么自己的心情也会变好，自己也会更加轻松。

全家共同照顾父母时，有必要积极和家庭成员共享父母的身体状况。母亲病倒时，从半夜12点到第二天18点这段时间，由我负责照顾母亲，18点到半夜12点则由父亲照顾。到了周末，妹妹和妻子会代替我来照顾母亲。在那个时候，联络笔记才显得至关重要。

联络笔记中包含了母亲的状况、当天接受了怎样的治疗、检查的数据以及事务性的联络……各种信息得以在家庭成员中共享，这也成了让我们心安的资料，同时也有助于全家人养成共同承担护理母亲的责任意识。

此外，这些记录也让日子变得充实起来。因为家庭成员们为了记录母亲的状态，都在留意着她的变化。同时我们也能看到母亲的病情不是突然恶化，也不是只在一味恶化。

父亲晚年时，也是时起时伏，时晴时雨。懂得了这些后，对我来说就是最大的支撑，我知道尚且有些时日，还能和父亲共度一段时光。照顾父母时，如果能懂得父母并非只在极速衰老，就能做到更加从容地面对。

做不到的时候，大方承认"无能为力"

现在照顾父母的人，迟早有一天也会被人照顾。到了那时，关键就是我们自己的价值将在何处。

尽管那时我们许多事都无法做到，也许还会转眼就忘了刚刚发生了什么，只要不单纯从"生产率"来判断自身的价值，就不会是一无是处的。被人照顾，意味着我们对照顾自己的家人做出了贡献，让他们拥有了付出感，因此不必觉得自己只是在给别人添麻烦。

"都是因为我需要照顾，才给家人添了许多麻烦。如果我不在的话……"有人会钻牛角尖想不开，但当他离世后，他的家庭可能会就此分崩离析。有时候，去世的这个人，正是整个家庭的巨大凝聚力。

今后，需要别人照顾的人应该会变得越来越多。那些早别人一步接受他人照顾的人，不要因为需要他人照顾就觉得自己低人一等，也不要觉得抱歉而将自己蜷缩起来，我希望那些需要照顾的人能以他们为榜样。

正如婴儿不会因为父母照顾自己感到羞愧一样，我们应该堂堂正正地接受别人的照顾。即使被别人照顾着，如果能让周围的人感到"这个人看起来很开心呀""被人照顾着可能也不错呀"，就是我们对他人的一种贡献。

当被别人照顾时，有人会贬低自己，也有人会盛气凌人地提出无理要求。这些人会因为没有在自己希望的时间点得到预想的照顾而大发脾气。

这样的人没有认识到自己并不处于这个共同体的中心位置上，也就是说，这种人无法作为"成年人"自立。他们想要通过成为麻烦制造者，来聚集大家的注意和关心，想让自己处于整个共同体的中心位置上。

然而，这样的人应该也是因为无法接受自己要被他人照顾的现实，所以才会有那种态度吧。最初阶段，每个被照顾的人可能都是如此，我们自己可能也采取了同样的做法。如果对这一点能感同身受，就不会因此而感到生气。

对照顾别人的人和被别人照顾的人的要求基本上是相同的——自立成熟、摆脱"生产率"的束缚。其中还有一个要求，就是**做不到时要勇敢说出来**。

对于照顾别人的人来说，最困难的在于被照顾的人不肯承认自己做不到。所以，与其想去卫生间的时候逞强说"我自己没问题"最终尿湿裤子，倒不如直接说"我自己的话比较困难，拜托了"，这样的话，作为家人也会因此而感激。

父亲并不讨厌我照顾他解决大小便，我对此也心怀感激。但我住院时，没有办法自己吃饭，护士拿勺子一口一口喂我时，我感到很难为情。这种事情，只有到了那个时刻才会明白。

有人觉得，让孩子照顾自己、护理自己时，可能没必要那么抵触。

有一阵，当我踩空台阶扭伤脚，每天挂着拐杖生活时，没办法一个人上下楼梯，儿子就若无其事地将自己的肩膀借给我。像这样简单地主动提出帮助，让我感到很开心。

我本不是会依赖别人的人，就算是爬也要独自上下楼梯，所以我恐怕不会主动和儿子说"把你的肩膀借我一下"，但能够让别人伸出援助之手、坦率地寻求帮助也非常重要。

叔叔婶婶心理学

父亲在患阿尔茨海默病前曾对我说："我想接受你的咨询辅导。"所以我们每月在京都站见一次面，一边吃饭一边听父亲讲每天生活中的不满等，不管几个小时我都会听下去。

再过几年，我就到了父亲接受咨询辅导时的年龄。但我觉得即使自己非常苦恼，也不会和儿子说"我想让你听我说说话"。

这虽然也是只有到了那个时刻才会明白的事情，但父亲能把自己想做的事情说出口，实在勇气可嘉。亲子关系和其他家人关系太过密切，所以原则上不能进行咨询辅导。但我和父亲交谈时能够非常冷静地讲话。多亏原来我和父亲之间存在矛盾和隔阂，所以相处时才能保持恰到好处的距离感。

即使和父母交流比较困难，但如果家庭关系像和祖父母那样稍稍有距离感，**或是像和叔叔婶婶那样稍有些距离，交流就会变得容易一些，对方也能够冷静地倾听**。阿德勒心理学把这称为"叔叔婶婶心理学",这是因为阿德勒心理学的要点在于——相处时保持一定的距离,不互相插手对方的事情。

要是有与照顾人、被人照顾相关的烦恼或困难,找同处一个立场的人商量一下。如果找父母或孩子商谈,也要保持"叔叔婶婶的心理"或"侄子侄女的视角"。

"叔叔婶婶心理"是指虽然想帮助对方,但要把对方当成来访者。无论对方提出了什么问题,说了什么样的话,都不要觉得"那太奇怪了",要心平气和地接纳,即使无法赞成,也要先做到理解。因为,理解并不等同于赞成。如果能在此基础上建立起良好的关系,就能给对方提出一些适当的建议。

即使还远未到需要照顾父母的年龄,也最好从现在开始就进行这样的练习。

以『我们』为主语来思考

Chapter 8

退休后的烦恼，其实是人际关系方面的烦恼

在世界上，日本以长寿闻名——男女平均寿命都超过了八十岁。

很多人祈求长寿，实际上老年人的寿命的确正在变长。当然，这并不是说每个人的暮年生活都很美好。有一些人，尤其是在他们退休后，衰老和疾病便接踵而至。

当然，原因之一就是他们的生活节奏变化幅度过大。但他们无法享受晚年，还和人际关系有关。因为他们一旦退休离岗，就会失去很多既有的人际关系，同时又无法顺利建构新的人际关系。

阿德勒认为，所有烦恼都是人际关系的烦恼。退休后的烦恼也是一样。

最近去当地图书馆时，我注意到，在这里的退休男人要远多于孩子。他们没有和任何人寒暄，也没有查阅什么资料，他们有的看看报纸，有的读读新出版的书，还有的在窗边的

椅子上打盹儿。

为了满足求知欲而去图书馆,当然是对身心有益的事情。相比于在家里无所事事,就算是只在去往图书馆的路上走一走也是很好的。

但兴致勃勃来到图书馆的人,并非都是为了满足自己的求知欲。一些人在退休后没有建构起新的人际关系,甚至在家中都失去了容身之地,所以来到图书馆是为了寻求安慰,就算没有人说话,他们也感觉是在和这里的人建立联系。

阿德勒在《人生意义的心理学》一书中这样说道:

"我们身边还有其他人,只要活着,就必然要和他们发生联系。"

人(日语写作"人間"),就像"人间"一样,身处人与人之间,就是要一边和他人产生联系,一边生活着。就连隐居在深山里的人们都知道山脚下的村落有人。所以,千万不要觉得被世界遗忘都无所谓。对于住在山脚下的人们来说,他们应该也会对像仙人一样的人感兴趣。从这个意义上来说,这世上没有完全和他人没有联系的人,也没有绝对孤身一人生活的人。

在同一本书中,阿德勒还指出:"假如我们将自己孤立,就必将自取灭亡。"独身一人，不仅在生物学上来说是弱小的，缺少和他人的联系也意味着无法认真对待身为"人"的生活。

首先摆脱"生产率"的价值观

从工作一线退休，与此同时，孩子们也开始成家立业，夫妻又重新开始过起二人生活。也有人因为老伴儿去世，开始过起独居生活。这种时候，他们应该和谁在一起，构建怎样的关系呢？这件事和身体健康同样重要——恐怕比身体健康更重要，因为它左右着我们的生活品质。

退休后无法顺利建立新的人际关系，原因之一在于——无法放弃从"生产率"出发来衡量人的价值。我们习惯于根据能做什么、不能做什么来判断一个人的价值。

在工作场合，我们需要和其他人竞争。因为职场会根据工作成果来决定我们的处境和顺序，所以我们都会有与别人一较优劣的意识。长久以来，我们在这种工作场合中潜移默化、不知不觉中就会用生产率来衡量自己的价值。

工作时的压力和烦恼，还有和其他人的冲突都来源于这种看法。退休时，虽然感到"终于可以从工作的压力中解放了",但如果没有摆脱"生产率高于一切"的价值观,在退休之后依旧会感受到同样的压力。既然离开了职场,就首先要意识到自己要摆脱"生产率"的价值观。

如果做不到这一点,即使想开始接触一些新爱好或参与一些活动,也会在开始之前就打退堂鼓,他们会觉得"我是新人,起不到什么作用""有那么多优秀的人,只有自己不行,实在无趣"。摆脱不了之前的价值观,在平等地位、相互协作的志愿者活动中,有的参加者因为代入了上下关系和顺序,进而被大家疏远。

无法在外面的世界找到容身之处,就容易宅在家里闭门不出。成天无所事事,虽然以前在职场如鱼得水,可在做家务时也帮不上忙。

尽管如此,这些人还会自我感觉良好,喜欢在家人做家务事时指手画脚,念叨着"笨手笨脚""如果考虑一下先后顺序,就能更有效率"。他们会像上司一样摆架子,导致与家人渐行渐远,最终可能连家里都不再有自己的一席之地。

退休后的男性,经常会感叹"自从不工作后,什么都没了"。没有要做的事,也没有要去的地方,剩下的只是愤怒以及"本不应该这样"的怨念和"这样下去可不行"的焦虑。

有一段时间,"被雨水打湿的落叶"这个说法很是流行,用来形容那些妻子出门时自己也要跟着的男性。妻子走到哪儿，这些男人就跟到哪儿。

当然，也有人赞美退休后开始的第二段人生。开始尝试做一些曾经没法做的事情，寻求一些新的邂逅。让嫩叶繁盛起来，还是选择让嫩叶直接变成枯叶——这时需要的就是勇气。

切莫畏惧与他人的摩擦

阿德勒说:"只有认为自己有价值的时候,人们才会拥有勇气。"这里所说的勇气有两层含义。

第一,**努力解决问题的勇气。**

我们为什么需要勇气?因为只有努力去解决问题,最终才会收获结果。有些人担心结果不如预期,因此他们在解决问题上会踌躇不前。

比如,有的父母会对不爱学习的孩子说:"你很聪明,只要你认真学习,肯定能取得好成绩。"然而,孩子并不会因为父母的劝说就开始努力学习。因为他们不想直面现实——即使好好学习,也无法取得好的成绩。他们觉得,生活在"只要愿意就能做到"的可能性中就足够了。

退休后开始新的尝试也是一样的道理。有一种说法是"只要我做,就能做好。只是我现在还不去做"。这无非是想要逃避可能做不到的现实。"这种事,做了也没用""这种事没有做的价值",人们之所以做出这种判断,也是因为便于从现实中逃离。

无论什么事,不去尝试永远无法开始。虽然有可能失败,那也只能从"失败"的现实开始。如果一直活在"只要做就能行""一会儿再做"的这种虚无缥缈的可能性中,就永远无法开拓未来的道路。

第二,建立人际关系的勇气。

如果和他人产生联系,一定会产生摩擦,也可能遭遇厌恶、憎恨或背叛。

很多人因为害怕这些,就认为"如果被人讨厌,自己会受伤的话,那索性不和别人产生联系了"。"和邻居交往太麻烦了,没有任何好处",说这些大话,都是没有勇气建立人际关系的表现。

虽然阿德勒说过"世间所有烦恼无外乎来自人际关系的烦恼",但生活的真相是,喜悦和幸福也只能从人际关系中获得。

年轻时,我们为什么要和长时间交往的男/女朋友结婚呢?即使我们明白,未来某一天可能会证明这个决定是个巨大的错误。

世人都活在和他人的联系之中。**这个世界上不存在脱离**

关系的幸福。

若想安享老年生活，就必须拥有积极建立人际关系的勇气。这不是说必须去建立那些完全不感兴趣的人际关系，而是要摆脱人情世故的羁绊，去珍惜那些真正重要的人和关系。

喜欢上真实的自我

想要建立优质的人际关系，最重要的是要意识到"自己拥有价值"。只有意识到这一点，才会想去建立人际关系。但是，一个把生产率视为独一无二价值的人，一旦离开了这份生产率的"源泉"——工作，就再也无法看清自己的价值。

然而，退休所失去的仅仅是工作单位、职业和头衔。随着年龄增长，各种各样的衰退不断显现，但这并不意味着作为人的价值就会有所降低。

承认真实自我的价值，喜欢上"此时、此地"的自己。为此，我们需要转换一下对于价值的看法。不是说生产率没有价值，而是不能把生产率视为唯一的价值。

公猩猩有一个习惯，他们为了展示自己的强大，会爬到其他公猩猩的背上。这种行为被称为"骑跨行为"。"你的职业是什么""你在哪家公司高就""你毕业于哪所大学"，初次见面就问别人的学历和职业，这与"骑跨行为"的性质是一样的。通过这些信息，人们可以明确自己和对方的上下关系与优劣对比，从而决定从谈话措辞到接人待物方面应该对对方采取怎样的态度。

以上种种行为，都是自卑和虚荣的表现。执着于过去的荣耀，其实一点儿也不潇洒。承认自我价值，喜欢上真实的自己，如果觉得很难一步实现，不妨先试着放弃那些虚荣的行为。如果能不与他人攀比过去，把注意力放在眼前的谈话对象上，我们也会自然而然地改变初次见面时询问的方式以及谈话内容。

生病，也是一种让我们意识到生产率不是唯一价值的机会。我有一个朋友，正值壮年，在公司组织的一次体检中查出了肝癌。幸亏发现得及时，得以保住一命，但没过多久，他就辞掉了工作，现在开着露营车在日本各地旅行。

我想，他一定是因为生病这件事，发现了人生的价值，意识到最重要的就是珍惜自己。虽然有些人生病之后也没有什么改变，但如果能够借此机会重新思考人生价值，那么在以后的人生中应该能发现新的世界吧！

不管年龄几何，都可以改变自我

有一个年轻人，刚上班一个月就辞职了。其理由之一就是一进公司自己就被要求做销售。其实公司领导也没有期待刚入职的新人能做得多么好。然而，这对拥有高学历、自诩为精英的他来说，竟是人生中的第一次挫折。

辞职的理由还不止这一条，他发现公司的前辈和上司看起来没有那么幸福。

每个人的人生都十分独特。我们没有必要和别人比较，也没必要模仿别人。但那些和我们境遇相同的前辈，将是我们思考人生的契机，从他们的身影中仿佛就能看到自己的未来。

观察一下已经退休的人，那些会享受人生的人最看重的是什么？他们在建立怎样的人际关系？试着思考一下，就一定会有所发现。

被周围人羡慕的，绝不仅限于曾经的公司精英。比起逞威风的人，那些注重维持平等人际关系的人更具亲和力，也更容易被周围人信赖。不要看反面教材，寻找一个自己想成为的榜样，借机思考未来，何尝不是一种很好的方法？

有些人虽然明白，但一时做不到从重视生产率的价值观中抽身出来，这些人可以试着改变自己所处的环境。比如，去书中所提到的地方走走，如果时间允许，还可以在异乡小住一阵。当然，即使不去远方，就在家附近悠闲地散散步，也能从中发现对待生活的新视角。这是因为，所谓散步或旅行，都不是因为有什么实际性的需求才去做的。

人在任何年龄都可以改变自我。改变自我所必需的就是"改变"的决心与勇气。

成功与幸福的区别

没有人不期待老年的幸福。人们心中描绘的老年幸福生活因人而异,但有的人会在"成功"与"幸福"之间画上等号。

三木清指出:"自从人们将成功视作幸福,将不成功视作不幸以来,就不能理解真正的幸福是什么了。"

《人生论笔记》中,在论述成功和幸福的同时,三木清进行了发人深省的论述。

人们眼里的成功,向来都是"直线型向上"的,可幸福本来"就不是什么进步"。而且,幸福是"每个人独特的东西",成功则是"一般性的""可量化的东西"。

一般性数量上的成功,都可以被模仿、可以被追随者复制。有一个很好的例子,如果一本书大卖,那么跟它标题相似的书就会相继问世。"要是那样的话,我也能做到""如果是我,能做得更好",如果这样想,本身就是成功。因此成功很容易遭人忌妒,忌妒他人的人通常又会"把幸福等同于成功"。

然而，对每一个人来说，真正的幸福都是独一无二的，别人模仿不来。"那个人看起来好幸福，好羡慕哇"——人们之所以会产生这样的想法，是因为他们看到的不是别人的幸福，而是别人的成功。

三木清说过，成功与"过程"相关，幸福与"存在"相连。千帆过尽，抵达终点才算是成功。人们可以"变成"成功人士，却无法"变成"幸福的人。有人说，"我想变得幸福""希望你能变得幸福"，**殊不知，生活在这个世界本身就是一种幸福，这与成功无关，人活着本身"就是"幸福的了。**

《人生论笔记》中关于幸福的章节中有这样一句话：

"幸福即人格。任何时候，都可以像脱去外套一样心无挂碍地抛开其他幸福的人是最幸福的。然而，真正的幸福，是不会也不可能被抛弃的。他的幸福如他的生命一般，已经和他融为了一体。"

人可以抛开虚假的幸福，但真正的幸福无法被抛弃。三木清掷地有声地说道："对于一直像武器一样战斗的人来说，唯有倒下才是幸福。"

活着本身就是对他人的贡献

我曾回高中母校做过演讲。演讲的主题是《怎样充分激发自我才能，如何过好今后的人生》。其中，我讲到，人不应该只在图谋利益时才使用自己的才能。

正如我在本章开始部分所说的那样，人无法独自生存。人活在与他人的联系之中，生命中的喜悦和幸福都只能从这种人与人之间的连接之中获取。无论一个人多么有才华，如若这种才华不能在人际关系中帮助他人，那这个人就无法获得生命的喜悦。也就是说，真正的幸福是"对他人有所贡献"。

阿德勒指出，只有在相信自己有价值的时候，人们才有勇气去构建人际关系。他还曾说："只有我的行为对共同体来说是有益时，我才觉得自己有价值。"

如果他人因为自己做了某件事来和自己说"谢谢""你帮了我大忙了"，那无论是谁都会感到高兴。退休之后，人们无法肯定自己的价值，是因为不确定自己的行为对共同体来说是否有益，或者自己没有立志要做对共同体有益的事情。

一些人为了要接受他人的感激而行动，然后把他人的感激当作自己的成就，其实他们在乎的只是自己。不管是否会受到感激与好评，我们都应该积极思考自己能做什么样的贡献，怎样做才能对他人、对共同体有所帮助。

当然，阿德勒的原话虽然是"当行为是有益的时候"，但在这里没有必要局限在行为上。**活着，本身就是对他人的一种贡献**。

不要认为现在是过去的延续

能以自己的存在和才能为他人带来幸福,就已经是真正的幸福。首先,让我们从身边最近的共同体开始,有意识地行动起来吧。

最小共同体之一就是夫妻。退休后,两个人相处的时间会变长,为彼此奉献的机会也会变多。

夫妻虽然作为共同体一起生活了多年,但由于工作、育儿阶段都在各忙各的,所以很多夫妻都没有机会好好说话,也没有机会一起外出。退休后,突然迎来二人世界,尤其是女性会感到十分困扰。电视广告中曾有一句台词,当时成为流行语——"只要老公能在外面好好挣钱,不回家也没关系",这句话至今仍旧是许多女性的心声。

这其中,不乏夫妇因为磨合失败,而导致熟年离婚[①]。

---

① 熟年离婚:指结婚二十年以上的夫妻的离婚。

不过，这并不意味着这样的夫妻没法一起好好生活。只要找到一些窍门，然后共同努力，两个人就有可能重新变得心意相通。

窍门之一在于不要认为现在是过去的延续。过去两个人如何并不影响今后的生活，也不会对今后的幸福造成任何干扰。之前是之前，今后是今后。也千万**不要认为因为夫妻二人常年一起生活，就对彼此了如指掌。**

当然，夫妻彼此之间肯定也相当了解。可虽说是夫妻，其实对方也是他人。要不断地问自己，我真的了解这个人吗？如果能回归到"也可能真的不了解"的原点，再重新尝试和对方相处，就可能会有惊人的发现，就会关注到那些迄今为止自己从未放在心上的事。

亚里士多德曾说："从古至今，所有的哲学活动都始于惊讶。"思考"为什么"，这就是哲学最原始的出发点。

人际关系也是如此。刚开始交往时，人们会感到惊讶，"这个人原来在想着这样的事情呀""原来是这种感觉"，了解到这个情况时，人们会感到高兴。但结婚后两个人在一起的生活就会变得常态化，对彼此的事所抱有的新鲜感也会慢慢变淡。如果能像初次见面时那样，用新的眼光和心灵去观察对方的言行，坦率地表达自己，重新找回惊喜，就能避免中老年婚姻危机。

为此，我们应该摘掉夫妻的面具。摘掉作为丈夫或妻子的面具，下定决心以一个单纯的人的姿态来和对方相处。

首先，停止称呼对方为"孩子他爸""孩子他妈"。结婚前，俩人应该不是这样来称呼对方的。"孩子他爸""孩子他妈"只是作为父母这个角色的名称，并不是人格。仅仅通过改变称呼，就能看到许多戴着角色面具时所看不见的东西。

其次，就是不要对对方的言行产生不耐烦的情绪。退休后想要开始尝试什么新东西时，男性倾向于从"形"上入手。一时兴起买了高性能相机或昂贵的吉他，想要买齐那些对于新手来说完全不必要的用品，毅然决然地投资，但所有这些行为都不会长久。

每当那时，如果心想"又要放弃吗""长久地保持下去吧""真是没常性"，就会感到很生气，不如换一种思维模式吧。

"这个人很有决断力。"

"这个人能够随机应变。"

一旦发现不适合自己就放弃，正是因为他有决断力。如果能从其他角度看待类似的问题，能够用其他的语言来表达，那我们的心情和看法都会变得完全不同。

阿德勒教给我们"人生意义"

摘下角色的假面具,尝试改变看待对方的角度,这种诀窍只有当人们认为夫妇本是一个共同体时才有意义。阿德勒认为"只有通过爱他人,才能将自己从自我中心性中解放出来"。通过爱他人,人们才能第一次摸索到"共同体的感觉"。

共同体的感觉是指,不以"我"为主体去思考事物和人生,而是以"我们"为主体来思考。如果人们以"我"为主体进行思考,在面对同处一个共同体的其他人时,就会产生"这个人能为我做什么"的念头,并因此和对方对峙起来。如果对方没有满足自己的期待,他/她就会愤怒,向对方发泄不满,最终导致关系的恶化。

其实,最重要的一点**不在于是否以"我"为主体进行思考,而在于是否以"我们"为主体进行思考**。如果在生活中能够以"我们"为主体进行思考,就能产生"为了我们,我能做出什么样的贡献"的想法。

我希望丈夫/妻子能够这样做——这是以"我"为主体的想法。即使什么也做不到,能够这样彼此相伴,本身就是"我们"的幸福,为了这个幸福,我们要共同付出——如果能这样想,夫妻间的关系肯定会得以改善。

阿德勒心理学所提倡的,是贯穿于合作原理的"横向"人际关系。横向的关系立足于"即使每个人都各不相同,但所有的人都平等且对等"。人们既无法独自一人生存在这个世界中,也无法独自一人获得幸福,和对等的他人在一起时才可得以完整。

阿德勒所说的共同体的概念并不局限于夫妻、家庭、伙伴以及地区,可以包括所有的人类,甚至可以扩充到整个宇宙。但无限扩充的共同体也都是从"我和你"这一最小的共同体开始演变出来的。无论是正携手度过晚年的夫妻,还是与现在我们交往的某个人,在与彼此相处时都试着以"我们"为主体来思考吧。这一点至关重要。

环顾世界,包括日本在内,排他性的言行正在蔓延开来。所有冲突的根本——都是"自我优先"的思维方式,然而,这完全脱离了人类"与他人相连接"的本质。

"人生的意义在于贡献,在于对他人的关心和帮助。"

从退休后的夫妻关系到难民问题,解决所有问题的线索都隐藏在阿德勒的这句话中。

将『年老的幸福』传递给下一代

Chapter 9

开心度过每一天

如果想获得幸福，想寻找幸福的技巧与幸福生活方式的指南，那我们就有必要先思考"幸福究竟是什么"。

人生是什么，对于人们来说幸福是什么？——这是自古希腊以来哲学家们探讨的核心主题，也是一个永恒的主题。只要活在这个世界上，就需要不断面对这个问题，当然，这个问题本身也很难回答。

不过，我们不能因此就判定人们对于幸福一无所知。因为，如果是真正一无所知的事，我们就不会想要去探索它。

一些人觉得"现在自己很不幸"，也正是因为他们曾体验过幸福的瞬间，才会产生这样的想法。而且，即使现在正体验着幸福，也可能自己并没有意识到。

幸福，犹如空气。正如我们平时意识不到空气的存在一样，即使幸福就在身边，我们也感受不到它的存在。

我曾看到三木清说幸福与"存在"相关。人不是"变得"

幸福的，而是"就是"幸福的。如果能明白这一点，我们就能获得幸福。

三木清还曾说过，"幸福是一种力量"。这不单单是心理层面的东西，真正的幸福就像鸟儿鸣啭歌唱一样，"能够由内而外散发出来，并且能让他人感受到"。他人注意不到的"隐藏在内心的幸福"，仅供自己享受的幸福不是真的幸福，真正意义上的幸福本身就拥有某种力量，它能够传递给周围人，还能给其他人带去幸福。

那么，幸福的外在表现形式是什么呢？三木清认为是**"心情愉悦"**，这一点我在本篇开头就已列举了出来。我认为，比起热情奔放的兴致高昂，"心情愉悦"所说的更应该是平静从容的愉悦感。

大清早开始就满脸不高兴，摆出一副苦瓜脸的人，自己就把这一天当作倒霉的一天，而且也破坏了身边人的好心情，让他们不得不小心翼翼地同自己相处。人活在世上，肯定都会遭遇讨厌的事。但即使把郁闷写在脸上，对事态也毫无帮助。如果你渴望拥有幸福的晚年时光，首先请开开心心地迎接每一天，过好当下的每一天。

三木清曾写道：**幸福会以"礼貌""亲切"等形式表现出来**。如果有人拜托自己去做什么事，我们会礼貌地回应。写信时，也会字字斟酌，饱含情感地遣词造句。

但当我们匆忙、担心、焦急的时候，就只能敷衍搪塞了。如果这时，家人提出"稍微帮我一下"，我们会觉得麻烦，会不耐烦地搪塞道"等会儿""一会儿再说"，每当这时候，我们的态度、口气就会变得粗鲁生硬。我认为，如果不是忙得焦头烂额、疲惫不堪，最好能稍稍腾出点儿时间，努力礼貌温柔地回应他人。

当他人需要时，尽可能地给予他人帮助，这其实牵涉"亲切"这一问题。当然了，我们不可能给予所有的请求以回应，但最重要的是要抱着一颗愿意帮助对方、想要帮助对方的心。在帮助别人的过程中我们获取的幸福，也能传递给受助一方。

在这一点上，重要的是，"他人寻求自己帮助时"这个前提。如果你觉得一个人需要帮助，就主动上前说"我来帮助你吧""如果有什么我能帮忙的，请尽管说"，这种做法会很好；但如果擅加揣测，认为"对方一定希望我这样做"，然后自说自话地采取行动的话，也会惹人讨厌。

不要插手他人的人生

三木清最后列举了**"宽容"**作为幸福外在表现的证据。在这里"宽容"指的是接受持有与自己不同思维和价值观的人。

无论是父母和子女，或多么亲近的伙伴，都会有不甚相同的想法。每当矛盾浮现出来时，都必须不断思考如何处理。

宽容并不意味着对不同意见都予以赞成。宽容也不是否定对方，指责这里不对，那里不好，也不是要违心地改变自己的想法、勉强赞同对方，而是要求我们努力理解对方的想法。最重要的是，至少要努力地去理解，去了解彼此之间的不同。

事实上，"宽容"说起来简单，做起来却很难。对谁都保持一颗宽容的心，比保持好心情、礼貌、亲切都要难。

保持宽容之心的难点之一，在于难以"分离人生"。比如说，看到孩子在做就业选择，如果他们的选择超出了我们的理解范围，应该怎么做呢？即使担心他们的前程，也不能直截了当地训斥"千万别这样做""这世道可没那么简单"，不然即使我们说得再有道理，也无法让他们接受。这种态度和行为，就是在插手别人的人生。

其实，人际关系摩擦的产生往往源于我们试图插手他人的人生，或是别人要来插手我们的人生。有的时候，我们可以自由表达自己的想法，但有的时候是必须得表达。每当这种情况出现时，都必须事先征询对方意见："我可以谈谈自己的想法吗？"而且，我们也不知道说出自己的想法后，对方是否可以接受。

在职业选择这个例子中，宽容就意味着我们要尊重并接受孩子的选择，要下定决心去守护他们的未来，要相信孩子们有能力处理好自己的人生问题。

这不仅仅局限于与家人的关系，**只要我们想和他人构建彼此信赖的关系，首先要做的就是相信他人**。选择相信他人也需要勇气。很多人因为担心对方可能背叛自己，所以无法信任对方。但如果因为害怕背叛而无法相信他人，那我们永远也没有办法和别人拥有深厚的情谊。

此外，温柔以待和为人亲切也是一样的。如果对方对自己亲切，那么我们肯定也会很亲切地对待对方，这毋庸置疑。其实，从一开始我们就应该保持这种态度。这并非什么"双赢"，也不要期待能从别人那里获得什么，而应该追求"予人玫瑰，手有余香"——不去在意能否从别人那里获得什么，只是心无杂念地付出。

"对我们所爱的人来说，还有什么比让自己生活得幸福更重要的事吗？"

三木清在论述幸福的文章中，写过上面这句话。他认为自身的幸福就是为他人做出的最大贡献。

步入晚年，我们依旧能够开心、礼貌、亲切、幸福地度过每一天，那么，一起生活的家人也会感到幸福。只要我们不失宽容之心，说不定孩子还会主动前来寻求人生建议。

我认为，安享晚年生活的理想状态之一就是——哪怕我们早已成为老爷爷、老奶奶，周围的人依旧会想"我要不要找这个人商量一下呢"？

孩子往往都是从大人的"所行所为"，而非"所言所语"中学习的。既然这样，那我们争取成为家人及下一代人的榜样吧！让他们看到我们的生活方式时，会感到"原来如此，原来这样的生活就是幸福呀""如果这样走过自己的人生路，那人到生命迟暮时也并不是件坏事"！

正像三木清所说，"由内而外散发出来的幸福、能让他人幸福的幸福才是真正的幸福"。

即使有异议，也可继续思考

前面章节中我们已经讨论过不快乐的人，他们之所以逢人就诉说自己有多不走运，之所以把不愉快写在脸上，其实是有目的的——那就是吸引他人的关注。

如果身边有这样的人，我们会不得不关注他们的坏心情。而我们只能尽量不去干扰他们。没有人会一直心情糟糕，最好的做法是等他们好转之后再去搭话。只有明白周围的人并不会关注自己的坏心情时，他们才会懂得保持坏心情根本没有意义。

无论是和家人，还是和朋友，长年交往下来，会产生一种"我不说你也懂"的默契。

"忖度"这个词语曾获得了年度流行语大奖。日本文化本身就推崇照顾、顾虑他人心情，主张先揣测他人言外之意再行动。对方的想法和心情当然十分重要，但如果想不通过语言表达就达到心意相通，可以说是痴人说梦。

善于照顾他人心情的人，会希望自己也被如此对待。也就是说，当自己不高兴的时候，不用说出口，对方就应该注意到自己心情不好并主动予以关心。

生活中，如果有不满，就应该直接说出来。有的人不高兴时可能只会跟别人说自己不高兴，但并不会细说是什么引起了不满。

这个世界上存在形形色色的人。每个人对事物的认知、想法都不尽相同。我们应该知道，哪怕是和家人，**如果不用语言表达出自己对彼此的感情和想法，也难以心意相通。**

明白自己的感知方式、价值观念、思维方式并不是唯一正确的，世界上存在许多想法各异的人。在这个大前提下和他人交往，也就意味着在理解事物的多样性这一方面做到了"宽容"。然而，环顾整个世界，幸福的表征——宽容正在急速消失。每天新闻中报道的那些政治纷争、宗教摩擦，归根结底还是因为人们无法接受事物的多样性。

"即使有异议，也要继续思考"，虽然说起来容易，但是做起来却很难。相比之下，更简单的是盲目听信那些被大肆宣扬的安逸世界观、虚假新闻，对什么都采取一味排他的态度。不用自己思考就得出结论，这是很轻松的。

不深入思考就想解决问题，所依靠的往往是"暴力"。

其最糟糕的表现就是战争。如压迫、武力，还有充满义愤的语言暴力。日常生活中，人们大声叫骂，趾高气扬地对待他人，也是一种示威的举动。

诉诸暴力虽有速效性，但无持效性。有的父母面对沉迷游戏、不做功课的孩子时，会厉声训斥，这么做只能暂时奏效。

然而，孩子并不会因为父母的训斥就不再重犯。如果再犯，就说明了这种方法并没有什么效果。

越施以压力，对方就越会反抗。看看近来的国际问题，就能明白这种做法其实只会让矛盾加剧。

这无法从根本上解决问题。在人际关系方面，我们能做的就是**尊重对方，理解事物的多样性，不断寻求以平等的姿态对话**。

在对话中，无论对方采取什么样的态度，都一定要恭敬礼貌地予以回应。哪怕对方大声叫嚷，我们也要以平常心应对，即使对方哭出来，我们也不要自乱阵脚。哭泣和大声叫嚷一样，都是一种示威。

孩子一旦哭了，父母就会坐不住，而这时，保持适当的距离的祖父母应该尽量冷静。即使孩子对父母紧锁心门，但如果他能把心里话讲给祖父母，也是件好事。

可惜，保持这种适当的距离也并非易事。如果小孩不相信祖父母能耐心听自己说，也不可能主动提出跟他们谈心。这个道理，适用于一切人际关系。

那么，人们什么时候觉得他人"能耐心听自己说话"呢？

第一点，就是得相信这个人不会突然打断自己的话。

话说到一半，很多人就开始插嘴，"我差不多明白了""我也这样过""我年轻的时候哇"，然后开始就自己的事情大谈特谈。想当然地觉得自己听明白了，然后擅加解释、凭想象接话茬儿，这实际上已经没有在听对方说话了。

第二点，就是你明白这个人绝对不会对自己的事擅加批判。一个人想把自己的事说给别人听，不是为了寻求意见或评论。有的人误以为他人想要的是诙谐的评论或意见，其实非也，他人寻求的不过是对方能够真正理解自己所说的，能体谅自己的心情。

不要害怕被讨厌

真正的理解，需要把自己放在与对方对等的位置上进行思考。这样就不会责备或纵容对方。

父母责备孩子，是因为他们没有把孩子放在和自己对等的位置上。他们其实是单方面地娇惯孩子。因为他们也害怕被孩子讨厌。

2013年，《被讨厌的勇气》出版了，这个书名本身就有一种独行侠的感觉。有时也会被人们误解，但这本书其实并不是在说"被讨厌也没关系"，或者请你"讨厌我吧"。我想传达的是——不能害怕被讨厌。

人们常说老人对孙辈的感情是"捧在手心怕碎了，含在嘴里怕化了"，过分溺爱，动不动就娇惯。宠爱小孩子，正是受不想被小孩子讨厌的感情所驱动。可即使被讨厌了，有时我们也不得不说出自己的想法。我认为，不管对方是谁，都应该拥有勇气，敢于在必要的时候说"我认为这是错误的"。

但如果我们突然转变态度，觉得即使被讨厌也必须一吐为快，过不了多久就可能被全家孤立。这时候，就有必要在开口说话前，来一句开场白："我可以谈谈自己的想法吗？"

此外，我更希望孩子们能够拥有敢于被讨厌的勇气——**不怕被父母、祖父母讨厌的勇气。**

我们必须要意识到，父母、祖父母之所以对孩子采取威慑的态度，是想要以此阻止孩子说出他们想说的话。

除了不要害怕被讨厌，还有很重要的一点，就是不要试图影响他人。

和孩子相处时，千万不要有所图，比如"我希望是这样的""我想把孩子培育成这样的人"。想怎样生活，想成为怎样的人，都该由孩子们自己决定，是他们自己的人生任务。

本来，我们就不可能培育他人。我们能做的是，助孩子成长一臂之力，创造一个适宜孩子成长的环境。

比如，希望孩子多读书，就买来大量的书给他看。如果家中书橱里有很多书，有兴趣的孩子可能会去读，但也有孩子不读。

我父亲不是一个经常读书的人，家里也只有一个书橱。书橱里大部分是和商业相关的书籍，但其中有一本引起了我的兴趣。那本书是文艺评论家兼血液学医学博士加藤周一的

《读书术》。

当时，还是中学生的我反反复复读了多遍。在那之后，我读了作者回顾自己前半生的《羊之歌》《续·羊之歌》，这也成为我憧憬学问的契机。如果不是当时在父亲的书橱里看到了《读书术》，我肯定走上了和今天不同的人生道路。

我想，那本书虽然是父亲买的，但他会不会并没有读过？更不用说让我读，想让我受到什么影响，那应该都是他想都没有想过的事情吧。尽管如此，还是有像我父亲一样稀里糊涂让孩子受到影响的情况。

像松鼠一样培育"森林"

那是发生在我去北海道时的事情。清晨去散步时,我察觉到树底下有什么在动。仔细一看,原来是松鼠。

松鼠有一个习惯,一旦发现了橡实,就会到处挖洞,把它埋起来。但松鼠可能忘记自己埋橡实的地方,或者干脆忘了埋橡实这件事。所以,凡是松鼠所在之地,都会长出成片的森林。被遗忘的橡实,萌发出嫩芽,发育成长,最终变成了森林。

很多时候,正如被松鼠遗忘的橡实长出的森林一样,又如沉睡在父亲书橱里的那本书引导我走上学问之路一样,它们本没有任何意图,却在不知不觉中对某个人提供了帮助,最终培育出了茂密的森林。

在我写文章时,有时会忘记写到了哪里。虽然写作者本人忘记了,但写出来的东西也有可能会滋养哪位读者的心灵。老人得了阿尔茨海默病后,会忘记做过的事情、说过的话,但对于目睹这些事的儿孙来说,这些都可能会成为他们美好的记忆,或成为他们的精神食粮而被长久地铭记于心。

即使被忘记也没关系。**充实活过"此时、此地",创造出茂密森林,让那片森林结满能够成为下一代精神食粮的橡实**——如果能这样想,就没有必要为过去而悔恨,或为未来而不安。

在这里,我还想说的一点是,因松鼠的忘却而得以长成的叫"森林"。有神灵栖居的也是"森林",而非"树林"。"树林"由"はやす"①一词演变而来,是人工制造的产物。

人也是自然生长起来的"森林",而非由父母期许、按计划培育成型的"树林"。父母和祖父母能够做的最好的事就是——不妨碍孩子这片"森林"的茁壮成长。

---

① はやす读作 hayasu,是"让……生长"的意思。

拥有勇气,坦率承认无知

上了年纪并不意味着就会成为杰出的人才,或是成为受人尊敬的老人。想做到这一点,我们需要不断努力。正是因为上了年纪,才应该学习各种知识,如果不继续读书思考,就不可能获得成长。

即使有越来越多的事不再能做到,但只要还能读书,就已经很幸福了。人必须活到老读到老,积累知识与经验,继续成长,在各个方面都成为榜样。

在这个过程中,必须要铭记的是,**不要觉得自己必须变得完美**。为什么年轻的人经常听不进去老人的话,是因为老人们总是在用一种自以为是的口吻说话,比如"你连这种事情都不明白吗""等你长大了就会明白的"。不管年龄几何,我们都必须有坦率承认无知的勇气。

德国哲学家卡尔·雅斯贝尔斯曾说过,人是"一直在路上的存在"(《哲学入门》)。希望年长的人能够自觉认识到这一点，在回答年轻人的问题时，有勇气说出"这个问题我也不太明白"；同样地，年轻人也应该明白老人们也有不知道的事情，这一点也非常重要。

遇到不明白的事或是有不知道的东西时，不应该感到羞愧。只要能够留心彼此对等的关系，采取共同思考问题的态度，就可以超越年龄与立场，互相学到很多东西。

要为被年轻人超越而感到喜悦

吉野源三郎的《你想活出怎样的人生》，由于漫画版的发行，再次获得了极大关注。第二次世界大战前创作的这本书，即使在当今的时代也能畅销，其理由之一就在于这本书的书名。这个书名并非告诉读者应该这样生活，也并非期待读者能够这样生活，而是在询问读者"你想怎样生活"，促使读者自主思考。

生活方式因人而异。我们没必要重复前人走过的路。甚至可以说，比起前人，从风华正茂的年轻人身上，我们更可以看到正确的人生姿态。

一些变得格外聪明、对自己的人生不负责的大人，现如今正用自己曾经被长辈训诫、那些听腻了的话来教训年轻人，"梦想终将被现实打败""满怀理想地活着，其实毫无意义"。我们不能成为这样的大人。

"被讨厌的勇气"来自我与年轻人长达两年的对话。那是我尊重他们的聪明才智与感性、经由自由辩论所产生的结晶，对于我来说是既兴奋又珍贵的体验。

上天赋予老年人的职责之一，就是成为晚辈的力量。但也有很多老人反感甚至厌恶年轻人超越自己，他们会妨碍年轻人进步，拒绝与年轻人合作。然而，无论是工作上，还是在研究、教育活动中，如果自己的晚辈和学生未能超越自己，说是自己的失败也不为过。

我曾花了三年时间学习，才能用希腊语去读柏拉图的《苏格拉底的申辩》，而我的一个学生只花了大半年就能读下来了。这个学生从学字母表开始，夏天就完成了许多课题，没过多久就大有进步。

这一切都是学生自身努力的结果，我也非常高兴能在他的成长过程中助他一臂之力。如果能为年轻人超越自己有所贡献，对于我们来说也是一种幸福。

从五十岁开始学哲学

我们要明白,无论年龄几何、钻研多深,这世上还是有很多我们不懂的事。认真面对自己,保持自主思考,才是哲学。

柏拉图曾说,人**"从五十岁开始懂得哲学"**。但可能有人会觉得那么大年纪了才开始学哲学,压根儿不现实。

然而,不是说上了年纪,智力就会下降。在思考哲学问题时,自己长年累月获得的智慧和经验是非常必要的。五十岁时,我想自己终于要开始学哲学了,但心肌梗死阻断了这条道路,我至今都非常遗憾。

哲学意味着"热爱智慧"。哲学家们是"热爱智慧的人",而非"智者"。如果大家想要思考有关幸福和未来的事,请一定要读一读哲学书。

学哲学并非像世人想象的那般困难。我推荐初读者去读的,是希腊哲学经典。哲学的语言和概念都来自希腊。哲学的英语是"philosophy",其实这也是照搬的希腊语"philosophía"。

虽然现在在日本被叫作哲学,但原来的译文是"希哲学"。意思是说,这是一种"希望学习哲学"的学问,由活跃于幕府末期、明治维新时期的西周[①]所译。西周将希腊语的意思完美地翻译成了日语,但不知道什么时候,至关重要的"希"字被省略了,整个词语的意思也变得不明不白。学习哲学,所需要的是热爱智慧的心,以及孜孜不倦的探求欲。

希腊哲学名著很多,其中入门的一部便是柏拉图的著作。为避免辩论混战,现代哲学始于定义哲学语言。而柏拉图不一样。他的著作中,以追求定义本身为目的,从而展开对话。

比如,书中人物以"勇气是什么"为题,展开问答。但较多情况下,书中并没有做出回答。虽然没有结论,但从过程中我们可以看到从什么方向进行思考会更好。

对于只想知道答案的人们来说,这肯定会让他们感到焦躁不安。年轻时,觉得靠自己去探索实在太麻烦,很可能会半途而废。但随着年龄和经验的增长,如果时间富裕,去踏踏实实地探究问题,去读解对话的过程,想必也会十分愉悦。

---

① 西周:日本近代思想家。

柏拉图有众多著作留世，其中最推荐各位去读的是《苏格拉底的申辩》，篇幅很短，无须费多大力气就可以读完。

柏拉图的其他多数作品均以对话形式成书，而这本书并非如此。从学习生活方式的意义上来说，这是一本非常重要的书。接受死刑判决后的苏格拉底在法庭上进行了演说，柏拉图将其记录了下来，写成了《苏格拉底的申辩》一书。苏格拉底的身影可以促使我们思考应该如何生活。

这本书中描绘的苏格拉底正值七十岁。但这个时候，苏格拉底的精力却异常充沛。他有三个孩子，其中还有一个未断奶的孩子。他还十分能喝酒，一天到晚都和年轻人们一起畅饮，当其他人都酩酊大醉之际，只有他还十分清醒。如若不是被判处死刑，苏格拉底恐怕会长命百岁吧。

此外，苏格拉底的长相并不俊俏，但是他本人并不在意。《飨宴》中登场的俊俏青年阿尔西比亚德斯也曾赞美和自己的外貌差距很大的苏格拉底。不仅仅是阿尔西比亚德斯，他身边的每个人都发现了苏格拉底的心灵美。

将"此时、此地"的幸福亲手传递给年轻人

柏拉图的中期对话篇《飨宴》和《斐德罗篇》也十分值得推荐。这两本书都以爱情为主题。恋爱并非年轻人的特权，当下正是我们该认真学习爱情的时候。《飨宴》有众多翻译版本，其中尤以哲学家兼小说家森进一老师那版译本的语言最为优美，堪称杰作。

学生时代，我曾参加过森进一老师主办的读书会。老师并未征收读书会参加者的月酬[①]。

我和父亲说："我开始学希腊语了。"父亲当即问我："月酬是多少？"当我回答道："我还没问，但我觉得多半不收费。"父亲还训斥我说："这个世界上没有这种好事，现在赶紧打电话问问。"

这个世界竟然还有无偿付出、不求回报的人？我既吃惊

[①] 月酬：作为受教的谢礼，每月支付的酬谢金。

又不解，没等父亲再说话，我给老师拨通了电话，询问了此事。老师这样回复我说：

"如果今后，你的晚辈中有人想学希腊语，那时候你教给他就行了。"

我们没有办法把从老师那里学到的知识回报给老师。同样地，孩子们也没有办法把从父母那里获得的东西回馈给父母。**在迄今为止的人生中，我们从很多人那里都获得了许多东西，我们只能将这些传递给自己的孩子、肩负着下一代责任的年轻人，或者是回馈给社会。**

将经历过的事情、学到的知识，还有"此时、此地"的幸福，以某种形式传递给别人——这不正是老年人的使命所在吗？不也正是老年的幸福所在吗？

那么，应该把什么传递给年轻人呢？其中有一条，我希望各位一定要传递给年轻人，那便是——老年的幸福。

后 记

当看到他人的衰老时，我们能够在一定程度上想象到衰老是什么。但是，如果想要在严寒的冬日中体验夏日的暑气熏蒸，或是在炎热的夏日中体验冬日的冰天雪地，则难以做到。同样地，若非自己真正迎来衰老，我们无法真正理解衰老。

因为，我们完全没有必要从年轻的时候就畏惧衰老，也没有必要觉得等待着老年人的只有痛苦。我们无法躲避衰老，也不明白未来究竟会发生什么，只需要思考如何充分利用好老年时光。

精神科医生神谷美惠子在日记中曾写过一句话，写这本书时我也引用过。那时，神谷正在撰写《关于生存的意义》一书。神谷说想写一本"每一个文字都能迸溅出自己的血液"的书，就像她所说，那本书就是基于她自身的经历写出来的。

"将过去的经验与学习成果充分融合统一，那是一种怎样的感动啊！每天我都会思考这个问题，每次思考又会带给我深深的愉悦。"

我认为，这虽然写的是自己对专心从事的工作的感情，但也准确表达出了经年岁月的意味。

能够将迄今为止人生中所有经历的事情"充分融合统一"，是十分值得高兴的。将已经拥有的所有人生经验化为食粮，我们就可以在今后的人生中更好地大展拳脚。

神谷写道："将过去的经历与学习成果全部充分融合统一。"这过去的经历中也必定包含了痛苦的回忆。

神谷年轻时，她的恋人去世了。深受恋人去世打击的神谷感觉丧失了活着的意义，但不久后，她把这段经历当成机会，开始专心治疗麻风病人，并花费数年时光撰写了《关于生存的意义》一书。

书中提到了"一个女孩儿的手记，她痛失了本应共享未来的恋人"，其实这是神谷自己的手记。

"人生对于我来说，已经绝对、绝对不会再恢复原状了吧。啊，今后的人生，我应该怎样走下去，为了什么走下去呢？"

但神谷自始至终都没有绝望。

"化悲痛为力量。别在悲伤与痛苦中停滞不前！让悲痛净化自己、历练自己、将自己变得更温柔吧！"

漫长岁月中，我们肯定会多次经历艰难痛苦的时刻，神谷教会我们要有勇气去有效利用苦难经历、度过艰苦岁月。

学生时代，拉丁语课本上曾有一句话，意思是说"谁在死前都不是幸福的"。我把这句话翻译成了日语，但当老师问我是否懂这句话的意思时，我却哑口无言。

听了我不得要领的回答后，老师的脸上浮现出了悲伤的表情，摇了摇头，说道：

"这句话说的是，人啊，即使长命百岁，也不得不与最爱的人分离。"

在那之后，尚且很年轻的母亲就去世了，经历了这段生死离别之后，我才彻底明白了老师那句话的意思。

课上我翻译的那句"谁在死前都不是幸福的"的拉丁语，后来我才了解到它是有出处的。古希腊政治家梭伦曾说过——

"在漫长的人生中，我们会看见许多不想看见的东西，也不得不经历那些并不想经历的事情。"

"只要活在世上，就会有人不幸福。"

我倒觉得梭伦说的这句话不太正确。

对于古希腊人来说，一个人最好是不要出生；一旦出生了，从何处来，尽快回到何处去。岁月漫长，年岁增长，人们慢慢变老，正如梭伦说的那样，不得不经历那些"不想经历的事情"。但人上了年纪，即使经历了那些不想经历的事，也并不会因此而变得不幸。身体虽然会随着年龄的增长而衰弱，但人并不会因此而变得不幸。

正像本书中所写，三木清认为成功只是过程，幸福其实是存在的。幸福与成功不同，并非必须达成某些成就。三木清之所以认为幸福是存在的，是因为人不是"变得"幸福，而是"就是"幸福的。

也就是说，这和梭伦说的有所不同，人并非活在世上就不幸福，当下本身就是幸福的。

这也意味着人的价值在于"存在"，而不在于达成了某种成就。哪怕人上了年纪，做不到年轻时能做到的事情，这都不能决定我们的价值。

即使认为自我价值在于年轻的时候自己做了什么，等到上了年纪，也许并不会觉得当时做的那些事情有多大价值。一些人认为即使无法规避身体的衰老，活着本身就是一种价值，对于他们来说，年老色衰并不是应该忌讳的事。

一旦上了年纪，人生就无法再慢慢等待未来。不要再推迟人生，现在想做的事情、能够做的事情，就马上下定决心去做吧。这样，我们就可以感受到当下生活的喜悦。可以说，这也是老年人的一种特权。

当然，肯定还会有很多人对等待自己未来的命运感到不安。对此，一直浮现在我脑海中的是圣埃克苏佩里的一句话：

"我们应该告诫自己：别人能做到的事情，我们也肯定是可以做到的。"

人们并不知道未来会发生什么，也不知道最终在衰老尽头看到的死亡究竟是何种模样，但死亡并非前人未至之境。

如果本书能够对大家有所帮助，让年轻人有勇气面对衰老的到来，让老年人有勇气去感受与年轻时不同的喜悦，我将感到非常高兴。

撰写此书时，我得到了横田纪彦先生、桑田和也先生、大旗规子女士的大力支持，在此表示由衷的感谢。

岸见一郎
2018 年 2 月

版权登记号：01-2019-1231

图书在版编目（CIP）数据

老去的勇气 /（日）岸见一郎著；邓超译. -- 北京：现代出版社，2024.10. -- ISBN 978-7-5231-0950-2

Ⅰ．B821-49

中国国家版本馆CIP数据核字第2024MC1487号

OIRU YUUKI
Copyright © 2018 by Ichiro KISHIMI
All rights reserved.
First original Japanese edition published by PHP Institute, Inc., Japan.
Simplified Chinese translation rights arranged with PHP Institute, Inc. through Shanghai To-Asia Culture Co., Ltd.

老去的勇气
LAOQU DE YONGQI

著　　者	[日]岸见一郎
译　　者	邓　超

责任编辑	赵海燕
助理编辑	马文昱
责任印制	贾子珍
出版发行	现代出版社
地　　址	北京市安定门外安华里504号
邮政编码	100011
电　　话	(010) 64267325
传　　真	(010) 64245264
网　　址	www.1980xd.com
印　　刷	北京飞帆印刷有限公司
开　　本	880mm×1230mm　1/32
印　　张	6
字　　数	100千字
版　　次	2024年11月第1版　2024年11月第1次印刷
书　　号	ISBN 978-7-5231-0950-2
定　　价	48.00元

版权所有，翻印必究；未经许可，不得转载